艾维茵肉鸡父母代

爱拔益加肉鸡父母代

该集团熟食车间

该集团加工车间

该集团孵化厅

该集团化验室

该集团熟食加工

该集团种鸡场鸡舍内

该集团饲料厂

肉蛋奶无公害生产技术丛书

ROUDANNAI WUGONGHAI SHENGCHAN JISHU CONGSHU

肉鸡

无公害高效养殖

编著者 王海荣
李　郁
林雪彦
姜淑贞
柴同杰
张传生
王友信

金盾出版社

内 容 提 要

本书由山东农业大学动物科技学院王海荣副教授等编著。内容包括：肉鸡无公害高效养殖的概念和意义，肉鸡无公害高效养殖品种选择和繁殖技术，肉鸡无公害高效养殖的环境选择和场舍建设，肉鸡无公害高效养殖的营养与饲料，肉仔鸡的无公害饲养管理，肉鸡场的防疫，肉鸡屠宰加工的无公害管理等。内容丰富，主题突出，科学实用，通俗易懂。可供肉鸡饲养场、鸡产品加工厂、肉鸡饲养专业户、部队农副业生产人员和有关农业院校师生阅读参考。

图书在版编目(CIP)数据

肉鸡无公害高效养殖/王海荣等编著.—北京:金盾出版社,2004.3

(肉蛋奶无公害生产技术丛书)

ISBN 7-5082-2868-5

Ⅰ.肉… Ⅱ.王… Ⅲ.肉用鸡-饲养管理-无污染技术 Ⅳ.S831

中国版本图书馆 CIP 数据核字(2004)第 007034 号

金盾出版社出版、总发行

北京太平路 5 号(地铁万寿路站往南)

邮政编码:100036 电话:68214039 66882412

传真:68276683 电挂:0234

彩色印刷:北京精美彩印有限公司

黑白印刷:国防工业出版社印刷厂

各地新华书店经销

开本:850×1168 1/32 印张:8 彩页:4 字数:195 千字

2005 年 2 月第 1 版第 3 次印刷

印数:21001—32000 册 定价:10.00 元

序言

XUYAN

1962年,美国生物学家切尔·卡逊(Rachel Carson)出版了《寂静的春天》一书。她用大量的事实阐述了使用农药破坏生态平衡的事例,引起了世界各国政要和科学家的重视,也强烈地震撼了广大民众。发出了为人们的安全和健康,生产无公害食品的第一个绿色信号。40多年过去了,随着社会的发展和科学技术进步,食品安全已成为全社会的热点话题,并引起了世界各国的重视与关注。

工业化的推进和现代农业的发展,化肥、农药、兽药、饲料添加剂的使用,为农牧业生产的发展和食品数量的增长发挥了极其重要的作用;同时,也给食品安全带来了隐患。由于环境污染,饲料中农药的残留,不合理使用或滥用兽药和药物添加剂,导致许多有毒有害物质直接或通过食物链进入动物体内,造成残留物超标。动物性食品安全问题已成为我国畜牧业发展的一个主要矛盾。

为了解决农产品和动物性食品的质量安全问题,农业部从2001年开始在全国范围内组织实施了“无公害食品行动计划”。该计划以全面提高农产品质量安全水平为核心,以“菜篮子”产品为突破口,以市场准入为切入点,通过对农产品实行“从农田到餐桌”全过程质量安全控制,用5年的时间,基本实现主要农产品生产和消费无公害。

动物性食品无公害生产是个系统工程,必须从动物的品种选育、饲养环境、饲料生产、疫病防治、加工及流通进行全程质量控制。在生产动物性食品时,要选择良好的环境条件,防止大气、土壤和水质的污染。在不断提高养殖户的生态意识、环境意识、安全意识的同时,还应对动物性食品无公害生产技术进行汇总和推广应用。

为达到上述目的，金盾出版社同部分农业院校的有关专家共同策划出版了“肉蛋奶无公害生产技术丛书”。“丛书”包括猪、肉牛、肉羊、肉兔、肉狗、肉鸡、蛋鸡、奶牛等8个分册。该“丛书”紧紧围绕无公害生产技术展开，比较系统全面地介绍了当前动物性食品无公害生产技术的最新成果和信息，先进性、科学性和实用性强，实为指导当前动物性食品生产不可多得的重要参考书。可以预计，这套书的出版问世，对我国动物性食品无公害生产将产生极大的推动作用。

中国畜牧兽医学会养羊学分会理事长
甘肃农业大学　教授、博士生导师

赵有璋

2003年7月于兰州

目录
MULU

第一章　肉鸡无公害高效养殖的概念和意义

第二章　肉鸡无公害高效养殖的育种与繁殖

第三章 肉鸡无公害高效养殖的环境选择与场舍建设

第四章 肉仔鸡无公害高效养殖的饲养管理

第五章 肉鸡无公害高效养殖的营养与饲料

第六章　肉鸡场的防疫

第七章 肉鸡屠宰加工的无公害管理

第一章 肉鸡无公害高效养殖的概念和意义

“民以食为天”,食品是人类健康和生存不可缺少的物质。近几年来,人们对安全、卫生、健康、生态和环保的问题日益关注,追求无污染、无残留的绿色意识已深入人心,发展无公害食品势在必行。

一、发展肉鸡无公害高效养殖的重要性

肉鸡是我国传统的养殖业之一,发展肉鸡具有投资少、周期短和见利快的特点,是广大农村发展高效农业、高效养殖业的首选项目之一。

发展无公害肉鸡的生产,是我国加入 WTO 以后肉鸡业适应市场经济的客观需要,是面对国内外市场的要求必须做出的现实选择。顺应了时代潮流的需要。

目前,我国已成为仅次于美国的第二大禽肉生产国,虽然我国禽肉消费将随人民生活水平的提高不断增加,但不可能在短期内增加很多,目前禽肉市场已基本饱和,且国外产品的进口量不断增加,我国肉鸡养殖业要持续高速发展,必须扩大出口,要想扩大出口则必须树立良好的国际形象,提高产品的质量,尤其是食品的安全水平。

随着我国经济的发展,人民生活水平的提高,我国城乡居民的生活已从温饱型向小康型转变,畜牧业的发展带动了市场供求关系的转变,禽肉市场已从卖方市场向买方市场转化,由数量型向质量型转化,我国的消费者对产品的质量,尤其是食品安全问题越来

越重视，消费者对加强食品安全的呼声也日益强烈。为了维护消费者的权益，保障人民的身体健康，发展无公害鸡肉生产是我国政府也是鸡肉生产者必须做出的选择，这也是推动肉鸡业生产水平提高，调整产业结构，带动产业进一步发展的必经之路。

发展无公害养殖业，可以进一步带动无公害种植业。因为，只有使用了种植业生产的无公害饲料，才能饲养出无公害的动物。避免在生产中使用公害物质将有利于保护农业生态环境，促进农业的可持续性发展，也有利于我国环境保护，这将对我国的政治、经济、人民生活产生巨大的影响。

二、肉鸡无公害高效养殖的概念

(一)无公害鸡肉的概念

无公害鸡肉是指安全、优质、无公害污染的鸡肉产品，肉鸡的饲养环境、屠宰加工过程和产品质量都应符合国家颁布的鸡肉行业标准规定。

1. 感官指标

主要评定鸡肉的色泽、组织状态、气味、煮沸后肉汤及肉眼可见异物等项目(表1-1)。

表1-1 无公害鸡肉感官指标

项目	指标
色泽	肌肉呈浅粉红色，有光泽，脂肪呈乳白色或淡黄色
组织状态	肌肉致密，有弹性，指压后凹陷立即恢复，表面微干，不粘手
气味	具有鲜鸡肉固有气味，无异味
煮沸后肉汤	澄清透明，脂肪团聚于表面，具有鸡肉固有的香味
肉眼可见异物	不应检出

2. 理化指标

主要测定挥发性盐基氮、汞、铅、砷、镉、六六六、滴滴涕、敌百虫、金霉素、土霉素、四环素、氯霉素、呋喃唑酮、磺胺类和氯羟吡啶等项目(表 1-2)。

表 1-2 无公害鸡肉理化指标

项　目		指　标
解冻失水率,%	≤	8
挥发性盐基氮,mg/100g	≤	15
汞(Hg),mg/kg	≤	按 GB 16869 规定执行
铅(Pb),mg/kg	≤	0.5
砷(As),mg/kg	≤	0.5
六六六(BHC),mg/kg	≤	0.1
滴滴涕(DDT),mg/kg	≤	0.1
金霉素,mg/kg	≤	1
土霉素,mg/kg	≤	0.1
磺胺类(以磺胺类总量计),mg/kg	≤	0.1
呋喃唑酮,mg/kg	≤	0.1
氯羟吡啶(克球酚),mg/kg	≤	0.01

3. 微生物指标

主要测定菌落总数、大肠菌群、致病菌(沙门氏菌、志贺氏菌、金黄色葡萄球菌及溶血性链球菌)等项目(表 1-3)。

表 1-3 无公害鸡肉微生物指标

项　目		指　标
菌落总数,cfu/g	≤	5×10^5
大肠菌群,MPN/100g	<	5×10^5
沙门氏菌		不得检出

(二)无公害鸡肉的认证与管理

无公害食品的加工生产,从原料的产地环境,到农药、化肥、兽药、饲料添加剂等农业生产资料的使用,从食品品质、卫生安全到包装、贮存、运输及销售等方面,都采用了严于普通食品的生产加工技术、标准和要求,即实施了“从农田(牧场)到餐桌“的全过程质量安全控制体系。无公害鸡肉是《实施无公害农产品认证的产品目录》中的一种,无公害鸡肉的认证管理工作应按照国家规定进行产地认证、产品认证和标志管理、监督管理。

2002年4月29日农业部、国家质量监督检验检疫总局,制定了《无公害农产品管理办法》。办法规定:无公害农产品管理工作,由政府推动,并实行产地认定和产品认证的工作模式。产地认定作为产品认证不可缺的前端环节,两者密不可分。国家鼓励生产单位和个人申请无公害农产品产地认定和产品认证。

为推动《农业部无公害农产品行动计划》的实施,农业部设立了农业部农产品质量安全中心,具体负责无公害农产品认证工作。其下设种植业产品、畜牧业产品和渔业产品三个认证分中心,作为业务分支机构,分别依托农业部优质农产品开发服务中心、全国畜牧兽医总站和中国水产科学研究院组建,并承担具体认证工作。

1. 无公害肉鸡认证与申报

无公害农产品产地认定和产品认证属政府行为,归口农业管理部门。按照《无公害农产品管理办法》的规定,产地认定工作由省级农业行政主管部门负责组织实施,产品认证工作由质量安全中心具体负责。根据认证工作的需要,遵循“择优选用、业务委托、合理布局、协调规范”的原则,紧紧依托国家和农业部已有的检测机构,建立遍布各省、覆盖全国的无公害农产品认证检测体系即无公害农产品定点检测机构。至2003年9月12日为止,农业部农产品质量安全中心(以下简称中心)已委托了69家机构为无公害农产品定点检测机构。

2. 无公害农产品产地认定程序

申请产地认定的单位和个人(以下简称申请人),应当向产地所在地县级人民政府农业行政主管部门(以下简称县级农业行政主管部门)提出申请,并提交相关材料,申请人向所在地县级以上人民政府农业行政主管部门申领《无公害农产品产地认定申请书》和相关资料,或者从中国农业信息网站(www.agri.gov.cn)下载获取。

县级农业行政主管部门自受理之日起30日内,对申请人的申请材料进行形式审查。符合要求的,出具推荐意见,连同产地认定申请材料逐级上报省级农业行政主管部门;不符合要求的,应当书面通知申请人。

省级农业行政主管部门对材料审查、现场检查、环境检验和环境现状评价符合要求的,进行全面评审,并作出认定终审结论。符合颁证条件的,颁发《无公害农产品产地认定证书》;不符合颁证条件的,应当书面通知申请人。

《无公害农产品产地认定证书》有效期为3年。期满后需要继续使用的,证书持有人应当在有效期满前90日内按照本程序重新办理。

3. 无公害农产品认证程序

申请产品认证的单位和个人(以下简称申请人),可以通过省、自治区、直辖市和计划单列市人民政府农业行政主管部门或者直接向中心申请产品认证,并提交相关材料,申请人向中心申领《无公害农产品认证申请书》和相关资料,或者从中国农业信息网站(www.agri.gov.cn)下载。

中心自收到申请材料之日起,应当在15个工作日内完成申请材料的审查。

中心对材料审查、现场检查(需要的)和产品检验符合要求的,进行全面评审,在15个工作日内作出认证结论。符合颁证条件的,由中心主任签发《无公害农产品认证证书》;不符合颁证条件的,中心应当书面通知申请人。

《无公害农产品认证证书》有效期为3年,期满后需要继续使用的,证书持有人应当在有效期满前90日内按照本程序重新办理。

获得无公害农产品认证证书的单位或者个人,可以在证书规定的产品、包装、标签、广告、说明书上使用无公害农产品标志。无公害农产品标志应当在认证的品种、数量等范围内使用。认证机构对获得认证的产品进行跟踪检查,受理有关的投诉、申诉工作。

农业部、国家质量监督检验检疫总局、国家认证认可监督管理委员会和国务院有关部门根据职责分工依法组织对无公害农产品的生产、销售和无公害农产品标志使用等活动进行监督管理。

三、肉鸡无公害高效养殖的现状与前景

(一)世界肉鸡无公害高效养殖的状况

1. 历史状况

现代肉鸡饲养业始于20世纪20年代的美国,后风靡全球。近20年来,在各种肉类生产中,肉鸡饲养业一直以最快的速度持续增长。从20世纪70年代到80年代,世界肉类总产量增长了36.6%,其中禽肉增长则高达76.2%,而禽肉中又以鸡肉增长最快。

鸡肉消费的增长主要原因,一是鸡肉是人们最喜欢的肉类,有广阔的市场。美国人对加工肉类从味道、烹调难易、小孩是否喜欢、营养价值、加工花样、脂肪含量等14个方面进行评定,结果鸡

肉排在第一位，后依次为鱼肉、火鸡肉、牛肉，而羊肉和猪肉排在最后；二是经过长期的选种选育和科学地日粮配合及饲养管理，使肉仔鸡的日增重提高了 2～4 倍。肉鸡不仅增重快、饲料转化率高，而且生活力强，便于大规模工厂化生产，周期短(50 天左右出栏)，生产效率高。世界上发达国家和发展中国家都很重视发展肉鸡生产业。

由于强强联合、兼并及收购，世界上肉鸡育种公司数量越来越少。预计 21 世纪，跨国性的育种公司只剩下四五家，规模却越来越大，育种目标不断创新。1988 年与 1962 年相比，肉用仔鸡的出栏日龄由 65 天缩短到 42 天，出栏体重由 1.71 千克增到 1.86 千克，料肉比由 2.15∶1 降到 2。进入 20 世纪 90 年代，肉鸡生产水平又有很大提高。发展趋势是提高生长速度，缩短出栏时间，减少饲料消耗和增加胴体瘦肉率。发达国家的不少育种公司计划在 2000～2010 年间培育出 35 日龄，个体重 1.8～2.0 千克，每千克增重耗料 1.7～1.8 千克，成活率达 98%以上的肉鸡品种。

2. 发展现状

伴随着肉鸡业的发展，肉鸡饲养技术也有很大发展，各项经济指标在世界范围取得了很大突破。现代肉鸡饲养业的主要技术措施有：

第一，依靠繁殖与育种、技术的进步，充分利用杂交优势；

第二，革新鸡舍和内部设备，创造良好的环境条件；

第三，提高饲养管理水平；

第四，加强饲养营养学的研究(如全价配合饲料、复合添加剂等的应用)；

第五，应用先进的疫病预防控制技术。

在经营体制上，欧美一些国家采用以行业一体化为纽带的联营合同制，即饲养户(场)专营饲养，孵化厂按约送苗鸡，饲料公司定期送料，屠宰场按时把鸡收购运走。目前，美国 90%的肉鸡生产采取这种方式。

基于技术、管理的优势和饲料成本低,美国禽肉产品以其低价位的优势主要出口俄罗斯、拉丁美洲和中东地区,出口占其生产总量的15%~16%以上,占世界出口量的40%,是鸡肉出口的大国;巴西的禽肉产量增加,由于其先进的禽肉加工能力和稳定的生产成本及饲料供应,预计巴西的禽肉业将不断扩大,出口欧盟及其他地区,是世界第二大出口国;泰国由于全球对冷冻鸡肉的需求,出口量增加,由于欧盟禁止对美国鸡肉的进口,所以,泰国在欧盟的市场继续增大,并继续在日本市场占据很大份额,是世界鸡肉出口的强有力的竞争国,今后肉鸡出口多元化的格局将进一步发展。

据美国农业部的消息,2000年世界鸡肉实际产量约为4 100万吨,产量最大仍为美国,其次是中国,位居第三是巴西,第四位是欧盟。在未来10年中,预计国际禽肉市场依然看好,所有市场基本呈现稳固增长态势,如果短期内禽肉市场增长受到一些地区家禽疾病的影响,从总体上来说,禽肉市场得益于疯牛病和口蹄疫的暴发,预计世界禽肉产量和消费在中期依然会增长,增长率高于牛肉和猪肉的增长,禽肉市场的扩张动力主要来自于生产的低成本(相对猪肉生产和牛肉生产而言)和世界许多地方的消费倾向(这和转向西式饮食习惯与健康观念有关),在许多人均禽肉消费量较低的国家,预计经济情况的改善将促进禽肉的消费生产。

(二)中国肉鸡无公害高效养殖的状况

1. 养殖历史

我国现代肉鸡饲养业起步较晚,大约开始于20世纪80年代中期。到90年代前,我国肉鸡生产水平与畜牧业发达国家相比主要表现为产量少、商品率低、效益差、耗料多。进入90年代后,我国肉鸡饲养业呈现迅猛发展态势,1993~1995年肉鸡产量年增长20%,1994~1996年连续3年对日本鸡肉产品出口保持第一。

1998年禽肉产量已达到935万吨，是1984年的6.3倍，跃居世界第二位，2000年禽肉产量为1 353.5万吨，仍为第二。肉仔鸡占全国肉类总产量的10%，禽肉总产的40%，鸡肉总产量的60%。人均鸡肉占有量1991年为3.9千克，1998年增长到9.2千克。肉鸡业得到了长足的发展，是农业产业化最迅速、最典型的行业，是我国农牧业许多发展行业中的一枝独秀，也是农牧业领域中市场化程度最高的行业。

目前，我国肉鸡养殖的基础环节仍很薄弱，肉鸡的生长速度、上市日龄、上市体重、耗料比还落后于国外。在国内，通常把由国外引进肉鸡称为"快大型"肉鸡，因不适宜我国传统的烧、炖加工，生产这类肉鸡，主要对外销售。我们自己消费的主要是被称为优质鸡的某些地方品种，或地方品种与引进种杂交选育的肉鸡，例如石歧杂鸡、三黄鸡、寿光鸡、新浦东鸡、京黄肉鸡、苏禽96等。据研究，我国某些地方品种，尤其是含有黑色素品种的肌肉，在蛋白质与氨基酸总量或某些氨基酸含量方面，略高于引进种肉鸡，与肌肉嫩度有关的肌肉纤维密度较密，肌纤维较细，肌节长度较长；肌肉鲜味有关的肌苷酸较高，表明我国某些地方品种有一些优质的特性。所以，近年来，优质肉鸡生产得到不断发展，在香港、广东、广西、台湾等地区，优质肉鸡的比重占肉鸡总体的90%以上，长江流域各省、市大约占70%左右，黄河流域、松花江流域各省占40%左右，但因其生长缓慢，体重较小，上市日龄较长，生产成本也就较高。为了促进其生长速度，提早其上市日龄，需要继续加强这类鸡的选育工作。

我国引进饲养的"快大型"肉鸡中，主导品种为艾维茵和爱拔益加，其次为科勃、安纳克，哈巴德，饲养的杂交类型主要为标准型，但适合分割的、高出肉率的肉鸡所占比例有增加的趋势。"快大型"肉鸡，生长迅速，上市日龄短，料肉比低，能在短期内提供价廉质优肉品，除出口外，采用炸、烤等适合的加工方法，在国内也会受欢迎。如近年“肯德基”、“麦当劳”在我国各大城市的“火爆”，赚取高额利润，说明我们对这类鸡的烹饪加工工作值得进一步研究。

2. 市场走向

我国肉鸡产业经过了20世纪90年代初期以每年20%～30%的高速增长以后，到了21世纪增长速度明显放慢，尤其是北方的快大鸡，近几年没有明显增长，出现了徘徊的局面，南方的优质肉鸡增长速度也不如以前。自1997年以来，我国鸡肉产品出口逐渐走下坡路，我国鸡肉产品国际贸易环境恶化，我国鸡肉产品由原来的三高（出口到欧盟鸡胸肉的高价位、出口到日本鸡腿肉的高价位、国内鸡副产品的高价位）变为三低（国内市场鸡胸肉价格低、日本市场鸡腿肉价格低、国内市场鸡副产品价格低），我国由于失去欧盟鸡胸肉的高价位（欧盟鸡胸肉价格为3 000美元/吨，中东、东南亚仅为1 700美元/吨），加之泰国、巴西能以较高价格将鸡胸肉出口到欧盟，反过来他们以较低价格的鸡腿肉出口到日本，打压日本市场，使我国出口到日本的鸡肉失去高价位优势。

在我国出口禽产品国际市场日益受阻的背景下，国内禽产品的生产消费市场也十分严峻，一方面一些鸡副产品仍以一些非常规渠道进入我国，据报道，珠江三角洲地区鸡副产品市场上60%～70%是国外产品，长江三角洲地区为50%～60%；另一方面，目前国内禽产品市场生产总量大于消费总量，导致鸡肉价格持续走低。

影响我国鸡肉及鸡肉产品不能出口的主要因素是疫病和公害物质残留。此外，我国动物疫病和卫生的法律、法规和兽医组织机构与国际不接轨，动物产品加工未达到以（HACCP）制度为基础的兽医卫生质量标准也是重要原因。我国面向欧盟出口禽肉在1996年8月1日被欧盟96/456/EC决议停止后，欧盟官员多次来华检查所提意见和提交的考察报告，都清楚地说明了这个问题。

加入WTO后，禽肉的进口关税到2004年要从目前的20%降到12%，并有逐年增加进口配额的可能，而且从2001年开始，进口肉类放宽了目前只能在餐馆、宾馆消费的限制，可以直接面向国内市场。鸡肉，特别是鸡翅、鸡脚等杂碎产品的进口量还会增加，对我国肉鸡生产造成一定的冲击。当然，这种冲击不仅会限于产品的进出口方面，国外企业可能会首先利用低价产品冲击国内市场，然后携资金技术大规模的进入，由于他们在品种、养殖技术、产品加工、销售等方面有成功的经验和优势，有可能通过控股、兼并国内企业来开展生产，因此，国内肉鸡业面临着更加严峻的竞争形势，将受到来自国内和国际市场的双重压力，再加上加工、包装、营销等方面与国际市场比较还存在很大的差距，我国肉鸡企业已到了要刻不容缓地提高养鸡生产的劳动生产率和肉鸡产品质量的时刻。

3. 发展前景

目前，我国禽肉在肉类结构中仅占 20%，比世界平均水平差 8%，人均禽肉占有量 10～12 千克，与发达国家相距甚远。例如，日本人年均消费量达 40 千克以上，鸡肉占肉类的 47%；美国人年均消费量 50 千克以上，鸡肉占肉类的 40%。从长远来看，随着我国经济的发展，人民生活水平的提高，鸡肉的消费仍将不断增加，肉鸡生产仍有较大的发展空间。同时，我国也是鸡肉消费增加最快的国家，国内 50% 禽肉消费量来自肉质独特的地方品种鸡，国外禽肉单凭价格优势也较难取代。还有，进口的禽肉都是冷冻肉，也不完全符合中国人喜食新鲜禽肉的消费习惯。但受国际消费标准的影响，国内消费者对肉鸡卫生标准的要求将逐步提高，肉鸡产品的质量，尤其是安全卫生问题将受到更多关注。如果我们的肉鸡产品在质量上，尤其是产品安全性上下功夫，则国产鸡肉仍有很强的竞争力。

我国肉鸡产区主要是几个大城市郊区及山东、吉林、河北、河南等少数省、市，肉鸡生产在沿海地区占有一定的优势。加入 WTO 后，关税减让及增加优惠关税的配额，将使进口玉米和豆粕的价格有所下降,数量也将逐步增加,作为肉鸡饲养主要饲料的玉米流通格局将会发生变化,南方一些需要饲料粮的省、区可直接从国际市场进口玉米。这对于我国南方的大型生产企业来说,就意味着生产成本将随之下降,如果再加上南方沿海地区已有的成熟饲料工业,较之内地对劳动力资源更大的吸引力和多年积累的出口经验及鼓励政策等因素,南方沿海地区在肉鸡产品出口方面的竞争力将有很大程度的增强。

另外,鸡胸肉分割,是劳动密集型加工,我们有廉价劳动力的优势,并且一旦产品进入欧盟市场,如果1吨鸡胸肉卖到3 000美元以上,那么1只鸡的鸡胸肉卖价就可以把整个肉鸡的成本包过来,所以,一旦不被贸易壁垒所困扰,从事肉鸡业对外贸易,特别是劳动密集型的冰鲜品和精细分割品出口的企业,将获得良好的回报。

因此,只要我国的肉鸡企业、养殖场,不断提高劳动生产率,围绕提高产品质量主要是食品安全性上下功夫,则无论在国内,还是在国外,我国鸡肉将有很强的竞争力,我国的肉鸡业必将有辉煌的前景。

第二章 肉鸡无公害高效养殖的育种与繁殖

一、肉鸡的育种技术

(一)培育核心群

主要依据品种的外貌和生理特征,根据个体本身的生产成绩进行选择。近20年来,虽然肉鸡育种需要改良的性状越来越多,但取得的成绩却很大,主要就是具有较大的核心群规模,它是获得快速和较大遗传进展的基础。一般商业育种的核心群通常很大,各系每一世代一般有1 500～1 600只母鸡和200多只公鸡用于繁殖下一代。另外,各地区在每个品系往往有一定的有效群体含量,增加了重组的机会,减少了近亲的影响。核心群体纯系都有自己的系谱,这样可以根据其成绩来选择,考虑各个性状的遗传力,又可以保持核心群的多样性。

(二)纯系繁育

通过近交建立家系,进而封闭育种,形成品系。这是一种包括近交、家系繁育等方法在内的纯系育种方法。近交能够使优秀加性基因累加和非加性基因纯合,同时有害或不良隐性基因纯合而表现出来,一般近交系数达到0.5以上选择符合要求目标的留种,育成近交系。

在育种上对于肉鸡父系和母系的要求不同,其选择的性状和方法也不同。父系主要按个体成绩选择早期生长速度,体形外貌、饲料转化率、产肉量、腹脂等。父系普遍采取循环育种，使每一世代使用的公鸡数多，有利避免近交，提高父系公鸡受精力，通常对蛋型也加以选择。父系鸡还需注意6周或7周龄末的屠宰率、胸肌率及抗病性。

对于母系肉鸡的早期增重与产蛋呈负相关性状的选择，必须掌握适度，要淘汰早期体重过大的鸡，淘汰率在5%～10%。由于上述两个目标要兼顾，母系的选育时间较长。这就进一步为后裔测定提供了机会，加上公鸡繁殖性能的测定，使得母系的选种工作更加准确。

肉鸡的选种分三个阶段进行。第一次在6周龄时进行，按5周龄末体重、体形外貌、胸骨、腿、趾的发育状态进行初选，选取后进行限制饲养。生长速度是肉鸡最重要的选种指标。因此，这次的选择力度相对要大一些，尤其是公鸡。第二次选种在22周龄时进行，主要是淘汰体形、外貌和胸、腿发育不良的个体，选择后转群。第三次选择在36周龄时进行，父系母鸡仅淘汰体形外貌和胸、腿发育不良的个体，公鸡按28～30周龄或至32周龄的家系受精率和孵化率选种，母系母鸡按25～35周龄的个体产蛋数和产蛋量，公鸡此期按家系产蛋数和孵化率选择。最后组成新的家系，配种繁殖。

一般情况下，6周龄第一次选种时，公鸡选留刚出壳4%～8%，母鸡选留30%～50%，最后一次选留完毕后，公鸡占雏鸡的2%～5%，母鸡占15%～20%。留种系还要依据母系和父系的不同有所改变，第一次选种时父系的选择率要高于母系。

(三)肉鸡的配合力测定

基本上与蛋鸡相似，但选择优秀组合时，必须同时考虑父母代性能(主要是繁殖力)和商品代性能(主要是肉用性能)，因此，种鸡和商品鸡的配合力测定要结合起来进行。这样所测组合较多，所需人力、设施较大，必须有现场测定相配合。

(四)品系配套和扩繁

肉鸡可以是二系配套、三系配套、四系配套。其中以三系配套较多，但实际销售时仍按四系配套处理，即父本公鸡做 A♂，父本母鸡做 B♀。(注：三系配套父本是一个系，母本是两个系。)

肉鸡祖代鸡场的主要任务是杂交制种，提供父母代种鸡，不承担育种改良任务，品系配套能满足制种亲本需要的合理比例即可。但引进的数量要比计划饲养的数量富余，尤其是父系公鸡。因为它们仅在繁殖上的作用重要，且易发生胸、脚疾患，如胸骨弯曲、趾曲、关节肿大或脚软等，同时也需要从外型上严格选择，以保持较高的受精率和优异的肉用性能。现以 1 日龄至 25 周龄的 1 000 套祖代鸡为例，各系的比例及各次选留率见表 2-1。

表 2-1　肉鸡祖代引进初生雏及转群层的配套比例

系　别	日　龄	公　鸡(C)	母　鸡(D)	计　划
母　系	1 日龄	530	1230	1760
	5 周龄	160(30%)	1110(90%)	1270
	25 周龄	110(20%)	1000(81%)	1110
		A	B	
父　系	1 日龄	184	400	584
	5 周龄	46(25%)	320(80%)	366
	25 周龄	32(17%)	270(67%)	302

注：25 周龄进父系母鸡约为母系母鸡的 27%

25 周龄进父系母鸡约为母系公鸡的 2.45 倍

父系公母比例为 1:8.4，母系公母比例为 1:9.09

父母代鸡场引进种鸡时，公母比例为 1:7～8 为宜；育成过程中，公鸡比母鸡淘汰多一些，转群配种时保持 1:9～10 的公母比例

(五)现代商品杂交鸡的繁育体系

繁育体系的具体内容就是现代商品杂交鸡的培育过程。这个体系包括育种和制种两部分。育种部分包括品种资源场,育种场,配合力测定站和原种场。其主要任务是育种素材的收集和保存,纯系的培育,杂交组合测定,品系配套和扩繁。制种部分由祖代鸡场,父母代鸡场,孵化厂组成,经两次杂交制种,为商品鸡场供应大量的高产商品杂交鸡。现代商品杂交鸡的繁育体系见图 2-1。

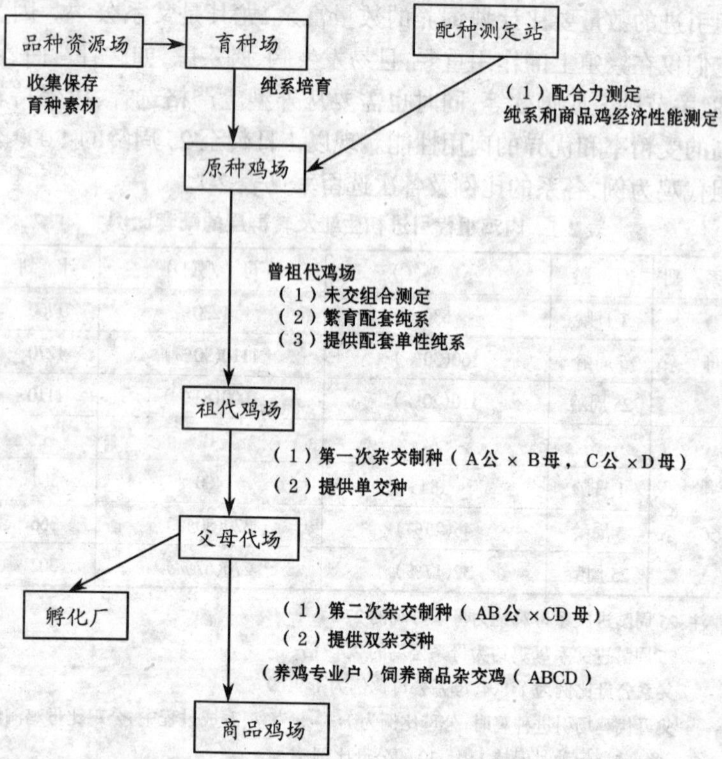

图 2-1 现代商品杂交鸡的繁育体系

据上述办法建立繁育体系，有以下几个好处：一是在全国范围内只建极少数育种场，可以集中投资，较好较快地育成和不断改良配套品系。二是可保证广大商品鸡场和专业户无需进行任何育种工作，而能饲养现代最优秀的配套品系生产的商品杂交鸡。从而普遍提高鸡的产蛋和产肉性能，节省饲料消耗。三是有些条件较好的鸡场，可承担祖代或父母代种鸡场的任务，但不必自成体系，即搞生产又搞育种，广大鸡场可不再自繁种鸡，自家孵化，可以有效利用房舍设备，就全国范围来说，可节省大量人力、物力和财力。四是可减少许多疾病传染，育种鸡场可培育无特定疾病的清净群，只要严格控制少数祖代场和父母代场的种鸡群和孵化厂的防疫卫生工作，如白痢病、沙门氏菌病、鸡支原体病等流行较广的一些疾病，可以控制到最低发生限度。总之，建立完整的繁育体系，可以用最少的花费获得最大的效果。

(六)生物技术在鸡育种上的应用

生物技术在控制动物生产力方面发挥着越来越大的作用，已被成功运用于动物育种多年。借助基因工程、细胞工程等主体工程使鸡的育种取得了长足的进步。例如利用分子标记技术对鸡进行基因型鉴定、特定基因筛选定位、标记辅助选择、鸡基因图谱以及制备转基因鸡等，加速了优质肉鸡的培育进程。

基因型选择，应用生物技术，在DNA分子水平上对遗传变异作进一步认识与描述，形成一种由基因型推断表型的选择方法，再进一步阐明基因与性状的关系，可以加速育种进程，进行早期选种。常用分子标记方法有：限制性酶切多态性、微卫星、随机扩增多态性等。此外，上述分子标记还可以用于构建鸡的基因图谱，构建基因连锁群，用于辅助育种。利用基因转移技术，制备转基因鸡，改善鸡的生产性能，提高鸡的抗病性。目前用于转基因鸡制作的方法有多种，如显微注射、逆转录病毒法、精子载体法等，但由于鸡特殊的生殖生理结构,转基因鸡的进展总体相对滞后。

生物技术加速鸡育种的同时,我们还要注意其安全性问题。特别是利用基因工程技术进行基因转移,可能会对将来带来某种风险。所以,有必要对其进行有效管理,以使应用生物技术后培育的肉鸡产品,不对人类身体健康造成任何危害,来确保鸡肉及产品的无公害。值得庆幸的是包括我国在内,世界上许多国家已经制定了相应的法规来管理和规范生物技术的应用。

作为一项技术,转基因技术与传统技术是一脉相承的,其本质都是通过获得优良基因进行遗传改良。但在基因转移的范围和效率上,转基因技术与传统育种技术有两点重要区别。第一,传统技术一般只能在生物种内个体间实现基因转移,而转基因技术所转移的基因则不受生物体间亲缘关系的限制。第二,传统的杂交和选择技术一般是在生物个体水平上进行,操作对象是整个基因组,所转移的是大量的基因,不可能准确地对某个基因进行操作和选择,对后代的表现预见性较差。而转基因技术所操作和转移的一般是经过明确定义的基因,功能清楚,后代表现可准确预期。因此,转基因技术是对传统技术的发展和补充。将两者紧密结合,可相得益彰,大大地提高动物品种改良的效率。

对于转基因生物我国政府早在 1996 年就发布了有关条例,2001 年 6 月 6 日,国务院又颁布了《农业转基因生物安全管理条例》,对于转基因产品的安全评价、标识等作出规定,把转基因产品的生产与经营纳入了政府的管理范围。《农业转基因生物安全管理条例》出台后,首次要求所有转基因进口食品的生产和销售必须得到政府的批准。2002 年 3 月 20 日,农业部颁布的《农业转基因生物安全评价管理办法》、《农业转基因生物进口安全管理办法》、《农业转基因生物标识管理办法》等三个农业转基因生物的管理办法正式施行。它们构成了我国农业转基因生物安全管理的法规体系,将有利于生物技术的发展,有利于生态环境保护、人类健康和动植物、微生物安全，有利于消费者知情权和选择权的保护。

二、肉鸡的优质品种

(一)我国引进的主要肉鸡品种

1. 艾维茵肉鸡

由美国艾维茵公司选育成功。其祖代入舍鸡产蛋数：64 周龄父系母鸡 130 枚，母系母鸡 155 枚，孵化率分别为 70% 和 80%，孵化雏鸡数分别为 85.5 只、111 只。父母代鸡 65 周龄体重为 3.6～3.7 千克，66 周龄入舍鸡产蛋 185 枚，种蛋 175 枚，出雏鸡 151 只。商品代肉鸡体重 9 周龄公鸡为 3.16 千克，母鸡为 2.517 千克，料肉比分别为 2.1:1 和 2.28:1（表 2-2）。

表 2-2 艾维茵商品代肉鸡各周龄体重、鸡饲料转化率

周龄	公鸡		母鸡		公母混群饲养	
	体重(千克)	料肉比(X:1)	体重(千克)	料肉比(X:1)	体重(千克)	料肉比(X:1)
1	0.148	1.14	0.136	1.16	0.141	1.15
2	0.181	1.29	0.345	1.31	0.363	1.30
3	0.653	1.42	0.572	1.46	0.612	1.44
4	0.980	1.58	0.752	1.62	0.916	1.60
5	1.393	1.72	1.175	1.73	1.284	1.75
6	1.837	1.85	1.520	1.91	1.678	1.88
7	2.269	1.96	1.860	2.04	2.064	2.00
8	2.713	2.08	2.200	2.16	2.457	2.12
9	3.162	2.10	2.517	2.28	2.840	2.23

2. 爱拔益加肉鸡

爱拔益加肉鸡简称 AA 鸡，是由美国爱拔益加种鸡公司育成

的两系配套杂交鸡,1980年引入我国。该肉鸡体形较大,商品代肉用仔鸡羽毛白色,生产速度快,饲养周期短,饲料转化率高,耐粗饲,适应性强,49日龄成活率达98%。爱拔益加肉鸡父母代和商品代的生产性能见表2-3,表2-4。

表2-3 爱拔益加肉鸡父母代种鸡生产标准

项　目	标　准
母鸡20周龄体重(千克)	2.07~2.28
母鸡60周龄体重(千克)	3.27~3.45
达50%产蛋率的周龄(周)	25
产蛋高峰周龄(周)	31~32
产蛋高峰产蛋率(%)	83
每只入舍母鸡66周龄累计产蛋量(枚)	184
每只入舍母鸡66周龄可孵化种蛋数(枚)	174
种蛋平均受精率(%)	94
每只母鸡24周龄耗料量(千克)	12.2~12.8
每只母鸡64周龄耗料量(千克)	50.2~57.2
每只母鸡66周龄耗料量(千克)	54.0~61.5

表2-4 爱拔益加肉鸡商品代生产性能

周龄	周末体重(千克)			料肉比(X:1)		
	公鸡	母鸡	混养	公鸡	母鸡	混养
1	0.133	0.133	0.136	1.11	1.11	1.11
2	0.294	0.276	0.286	1.21	1.22	1.21
3	0.614	0.544	0.579	1.31	1.35	1.32
4	0.942	0.832	0.889	1.48	1.52	1.49

续表 2-4

周龄	周末体重(千克)			料肉比(X:1)		
	公 鸡	母 鸡	混 养	公 鸡	母 鸡	混 养
5	1.313	1.314	1.222	1.60	1.64	1.62
6	1.723	1.464	1.591	1.73	1.79	1.76
7	2.156	1.823	1.987	1.89	1.95	1.92
8	2.621	2.189	2.406	2.03	2.12	2.07
9	3.111	2.561	2.842	2.16	2.38	2.21

3. 罗曼肉鸡

是由德国罗曼动物育种公司育成的四系配套杂交鸡。该肉鸡体形较大,商品代肉用仔鸡羽毛白色,幼龄时期生长速度快,饲料转化率高,适应性强,产肉性能好。罗曼肉鸡父母代母鸡 22 周龄体重为 1.97~2.13 千克,66 周龄体重 3.17~3.3 千克,每只入舍母鸡 63 周龄累计产蛋数达 155 枚,提供雏鸡数为 131 只,耗料量为 54.5 千克。商品代 7 周龄末体重可达到 2.7 千克。耗料量为 172 克,料肉比为 2.36:1。

4. 印第安河肉鸡

是美国印第安河公司培育的四系配套杂交商品鸡。该鸡种父母代种鸡 65 周龄入舍产蛋数为 178 枚,合格种蛋为 172 枚,孵出 1 日龄雏鸡 140 只,父母代 0~24 周龄育成率平均为 86.5%,平均体重为 3.05 千克,25~65 周龄种蛋平均受精率 87.5%。每只平均耗料量 0~24 周龄为 13 千克,25~65 周龄为 42 千克。该鸡种商品代肉仔鸡 8 周龄体重达 2.36 千克,料肉比为 2.07:1。

5. 伊萨明星肉鸡

伊萨明星肉鸡是由法国伊萨公司的五系配套杂交肉鸡。父母代种鸡 64 周龄按入舍母鸡数统计,平均每只产蛋为 166.38 枚,种蛋数为 156.52 枚,孵出 1 日龄雏鸡 132.51 只,40 周龄平均蛋重

63.5克,24周龄时饲料消耗10千克,出生到66周龄饲料消耗48千克。商品代鸡8周龄体重达2.55千克,料肉比为2.12:1。

6. 狄高肉鸡

狄高肉鸡是澳大利亚狄高公司培育的配套杂交鸡。狄高种系母鸡只有一个,羽毛为浅褐色,父系有两个,TM70系,羽毛为白色,TR83系,羽毛为黄色。狄高种鸡在6~25周龄限制饲养条件下,60周龄时,公鸡平均体重为4.75千克,母鸡平均体重为3.28千克。68周龄时,产合格种蛋177.5枚,入孵种蛋160枚,可提供1日龄雏鸡154只。该鸡商品代到6周龄时平均体重达1.5千克以上。TM70系6周龄体重平均2.2千克,耗料比为1:1.89。TR83系6周龄体重平均1.88千克,料肉比为1.88:1。

7. 红宝肉鸡

红宝肉鸡又名红波罗肉鸡,是由加拿大谢弗种鸡有限公司培育成的四系配套杂交鸡。该肉鸡商品代有红色羽毛,具有三黄特征,即黄皮肤、黄腿、黄喙,冠和肉髯鲜红,胸部肌肉发达,胴体皮肤光滑,肉味较好,深受消费者欢迎。红宝肉鸡父母代母鸡64周龄体重平均可达3.0~3.2千克。66周龄每只入舍母鸡平均产蛋数为185枚,可孵化种蛋数165~170枚,平均孵化率84%。红宝鸡商品代8周龄公母平均体重为2.2千克,料肉比为2.25:1。

8. 海波罗肉鸡

海波罗肉鸡是由荷兰尤利布德公司培育的四系杂交肉鸡。该品种肉鸡商品代羽毛白色,黄喙、黄腿、黄皮肤,以生产性能高、死亡率低而著名。海波罗肉鸡父母代种鸡,母鸡64周龄体重平均达3.52千克,64周龄每只入舍母鸡平均累计产蛋数172枚,可孵化种蛋数161枚,0~20周龄死亡率为6%。商品代9周龄公母平均体重为2.72千克,耗料比为1:2.28。

9. 哈巴德肉鸡

哈巴德公司育成此品种。1980年广州引入祖代鸡。该肉鸡不仅生长速度快，而且具有伴性遗传特点，通过羽速自别雌雄。出壳雏鸡公鸡主翼羽与覆主翼羽长度相等或短于覆主翼羽，小母鸡则主翼羽长于覆主翼羽。该鸡羽毛为白色，蛋壳褐色。

哈巴德父母代种鸡：64 周龄入舍母鸡产蛋数 180 枚，入舍母鸡可孵种蛋数 173 枚，入孵蛋孵化率 84%，产蛋鸡成活率 92%～94%，淘汰周龄 64 周，达 5%产蛋率周龄 25 周。

哈巴德商品代仔鸡：体重和料肉比在 42 日龄时分别为 1.405 千克和 1.92∶1，在 49 日龄时分别为 1.775 千克和 2.08∶1，在 56 日龄时分别为 2.115 千克和 2.455∶1，在 63 日龄时分别为 2.25 千克和 2.40∶1。

10. 塔特姆肉鸡

由美国塔特姆公司培育而成。1986 年引入我国祖代鸡 1 万只、父母代种鸡 4 万只。该鸡父系属科尼什型，体躯较大，豆冠，黄腿，黄皮肤，黄喙，羽毛白色；母系是杂交选育而成，单冠，黄喙，黄腿，黄皮肤，白羽，蛋壳褐色。

塔特姆父母代种鸡：64 周龄入舍母鸡产蛋数 174 枚，入舍母鸡可孵化种蛋数 167 枚，育成率 94%，产蛋周龄 40 周，入孵蛋孵化率 85%，每只入舍母鸡提供雏鸡数 143 只。

塔特姆商品代仔鸡：体重和料肉比在 42 日龄时分别为 1.626 千克和 1.83∶1，在 49 日龄时分别为 2.054 千克和 1.97∶1，在 56 日龄时分别为 2.475 千克和 2.05∶1，在 63 日龄时分别为 2.808 千克和 2.15∶1。

11. 罗斯 1 号

罗斯 1 号肉鸡由英国罗斯公司培育成功。1983 年上海松江县种禽场引入祖代鸡。该鸡共分四个品系，分别为Ⅰ、Ⅳ、Ⅶ、Ⅷ。

品系Ⅰ号和Ⅳ号白羽，快生羽，黄皮肤，黄腿，单冠，有些为豆冠。品系Ⅶ号白羽，慢生羽，黄皮肤，黄腿，单冠。品系Ⅷ号白羽，快生羽，有些羽毛呈烟灰色，黄皮肤，黄腿，少许黑色，单冠。罗斯

1号商品代肉仔鸡能够根据羽速自别雌雄。

罗斯1号父母代种鸡:64周龄入舍母鸡产蛋数170枚,入舍母鸡可孵种蛋数161枚,入孵蛋孵化率84%,淘汰周龄64周,达5%~10%产蛋周龄24周,产蛋期死亡率7%。

罗斯1号商品代仔鸡:体重和料肉比在42日龄时分别为1.67千克和1.89:1,在49日龄时分别为2.09千克和2.01:1,在56日龄时分别为2.50千克和2.15:1,在63日龄时分别为2.92千克和2.28:1。

(二)我国的优良肉鸡品种

我国地方鸡品种资源丰富,为国际国内肉鸡品种的培育提供了良好的素材,而且这些地方品种鸡肉质鲜美、色泽鲜艳,深受人们的青睐。国际上育成的许多标准品种如芦花鸡、奥品顿和澳洲黑等肉蛋兼用型种鸡,大都有我国九斤黄、狼山鸡的血缘。近十几年,我国的畜牧科技工作者,借鉴国外育种经验,充分利用我国丰富的地方鸡资源,成功的培育出既适应我国自然条件、又具有良好生产性能的优质鸡的新品种、新品系。例如,近年来风行于我国南北的“石岐杂鸡”优质黄羽肉鸡,也是以我国优良地方鸡种惠阳鸡为主要亲本与外来品种红色科尼什、新汉夏、白洛克等进行科学杂交选育而成的商品肉用鸡。现将我国部分优良肉用鸡种简介如下:

1. 石岐杂鸡

石岐杂鸡是香港在60年代中期就开始选育的。主要应用广东省的惠阳鸡、清远鸡和石岐鸡等著名的地方良种为对象,应用新汉夏、科尼什等外来品种进行杂交选育而成。保留了地方良种的三黄特征即黄皮肤、黄喙和黄腿,还保留了骨细、肉嫩、鸡味鲜浓等特点,提高了生长速度和饲料的利用率。同时还具有抗病力强、均匀度好的优点,是目前我国南方一些地区主要出口的黄鸡品种之一。饲养110~120天,母鸡的体重可达1.75千克以上,公鸡的体重达2千克以上。全期料肉比3.2~3.4:1,成年母鸡年产蛋可达120~140枚。

2. 粤黄鸡

粤黄鸡是华南农业大学和广东省家禽科学研究所在1980年对石歧杂鸡进行系统观察分析的基础上,经过测交,选出纯合体,作为近交系的基础。经过4年连续四个世代的近交建系与选育,使石歧杂鸡的优良性能稳定,并进一步提高。个体间的外貌和生长速度差异性减小,趋于一致。该鸡属于优质型肉用鸡,体形、外貌与石歧杂鸡基本一致。粤黄鸡90日龄公鸡体重可达1.414千克,母鸡体重达1.168千克。开产300天,平均产蛋数136枚,平均蛋重为51克,受精率为91.8%,饲养至90日龄的料肉比为2.96:1。近年来,粤黄鸡经华南农业大学的进一步育种研究,培育出矮脚黄系和102系。

3. 穗麻鸡

穗麻鸡是广州市畜牧研究所在1987年培育而成。以外来品种为父本,利用不同品种杂交后,经配合力测定,选取杂交效果较佳的组合作为单交母本,采用清远麻鸡作为第二父系,进行杂交而育成的黄羽商品鸡品种。穗麻鸡除了符合三黄鸡的体形外貌外,其主要特征是毛色为麻黄色,脚较粗壮,外貌与清远麻鸡相似。穗麻鸡初生重为40.8克,90日龄体重为1.072千克,料肉比为3.11:1,性成熟较迟,500日龄产蛋量为133枚,蛋重为54.4克,受精率为92%。

4. 北京油鸡

北京油鸡体躯中等,以肉味鲜美、蛋质优良而著称,有"天下第一鸡"的美誉。雏鸡羽毛呈淡黄色、土黄色,成年后为黄色,具有凤头、毛腿和胡子嘴三羽性状。90日龄平均体重公鸡为1.4千克,母鸡为1.2千克,料肉比3.2~3.5:1;种母鸡500日龄产蛋量为

120～130枚，开产日龄180天，高峰产蛋率为50%～58%。据分析，肌肉纤维直径仅为白羽快型鸡的1/3～1/2，且含较多风味物质。

5. 新浦东鸡

新浦东鸡是由上海农科院畜牧兽医研究所育成。利用原浦东鸡作为母本，红科尼什和白洛克鸡做父本，杂交选育而成。羽毛颜色为棕黄色或深黄色、皮肤微黄，胫黄色。单冠、脸、目等均为红色。胸宽而深，身躯硕大，腿粗而高。70日龄平均体重1.5～1.75千克，开产周龄为26周。500日龄产蛋数140～152.2枚。平均受精率为90%，70日龄料肉比为2.6～3.0:1。

6. 如皋黄鸡

如皋黄鸡原产地为江苏省南通市如东、海安一带。该鸡属于兼用型，体形中等偏小，行动灵活，善于觅食，适应性强，耐粗饲，抗病力强。成年公鸡体重为1.75～2.25千克，母鸡为1.5～1.75千克。母鸡年产蛋180枚左右，平均蛋重为50克左右，开产一般为26周龄。蛋壳为褐色，具有就巢性。该鸡肉质特别鲜嫩，用其煮汤美味可口。

7. 海新黄鸡

海新黄鸡是由上海农科院畜牧兽医研究所在1980～1983年期间育成。该品种肉鸡具有生长速度快，抗病力强等优点。8周龄体重可达1.5千克以上。子一代几乎全部为黄羽。料肉比为2.3:1。胸腿肌约占40%，是优良的快大型肉鸡。

8. 正阳三黄鸡

正阳三黄鸡原产地为河南省正阳县及附近的县、市，是肉蛋兼用型。24周龄左右开产，年平均产蛋为170枚左右，平均蛋重为35克，为褐壳蛋，具有就巢性。成年公鸡体重为1.75～2.25千克，母鸡为1.4～1.6千克。120天体重可达1千克左右，胴体美观，屠宰率高，全净膛率为81.5%，肉质鲜嫩。

9. 惠阳胡须鸡

惠阳胡须鸡又称惠州鸡、龙门鸡或三黄胡须鸡，因产于广东省惠阳、龙门等县，具有三黄和胡须而得名。该品种鸡体形中等，肉蛋兼用。其主要特征是适应性强，耐粗饲、抗病性强。肉质鲜嫩，育肥性能好，鸡味浓郁，皮薄骨细，是广东等地的主要出口鸡种，畅销于港澳活鸡市场。生产性能良好，成年母鸡体重为 1.5～1.8 千克，公鸡体重为 2～2.5 千克。母鸡性成熟为 6 月龄，年产蛋量为，农村散养 45～55 枚，现代化管理可达 1 倍以上，蛋壳为褐色，具有较强的就巢性。

第三章　肉鸡无公害高效养殖的环境选择与场舍建设

一、环境选择与监控

(一)环境选择的意义

随着工农业的快速发展,大量有毒物质进入自然界,污染环境。目前,全世界每年排入大气中的有毒气体为6亿吨以上,其中粉尘1亿吨,二氧化硫1.46亿吨,一氧化碳2.2亿吨,大气污染带来的死亡与疾病、资产、材料、植物等方面的损失约为250亿美元。每年约有1000种以上的新化学物质进入环境,有的在人体内积蓄起来,往往影响几代人的健康。

环境污染的来源大致分为三类: 其一,生产性污染物: 未经处理或处理不当的工业"三废"物质,大量排放到环境中,农业生产中长期大量使用农药(如杀虫剂、杀菌剂、除草剂等),使生态环境(空气、土壤、水体)受到污染。其二,生活性污染物: 随着人口增长和消费水平的提高,生活垃圾大幅度上升。垃圾中除粪便、污水外,还增加了塑料等高分子化合物,给环境带来新的污染物。其三,放射性污染物: 核能工业排放的放射性废弃物,医用及工农业用放射源、核武器生产及试验废弃物和飘尘都可能造成污染。

环境污染具有下列特点: 一是影响范围大。环境污染发生后,生活在该环境中的动物、植物到人都可能受到影响,涉及对象多。二是作用时间长。接触污染源者和中毒者及其他被污染对象,可长时间处在被污染环境中。污染物可长达几个月、几年、十几年残存于被污染的环境中。三是污染容易,治理难。环境污染往往在人们不知不觉中发生,一旦发生以后,有些有毒物质分解非常困难,治理起来费用很高。

残留在环境中的污染物质通过食物链随着畜产品转移到人的体内,有一个富集过程。例如,一些剧毒农药在环境中分解极其缓慢,分解一半量的时间长达 10～50 年,散布于大气中的滴滴涕和六六六等农药有机盐的浓度只有 0.000003 毫克/千克,当溶解在水中为浮游生物所吸收后,就能富集到 0.04 毫克/千克,这种浮游生物为小鱼所吞食后,小鱼体内的农药浓度就可增至 0.5 毫克/千克,小鱼再为大鱼所吞食后,大鱼体内的富集浓度可达 2.0 毫克/千克,若大鱼为水鸟所吞食,水鸟体内浓度可达 25 毫克/千克,人和动物若误食这种鱼或鸟就有引起公害病的危险(图 3-1)。

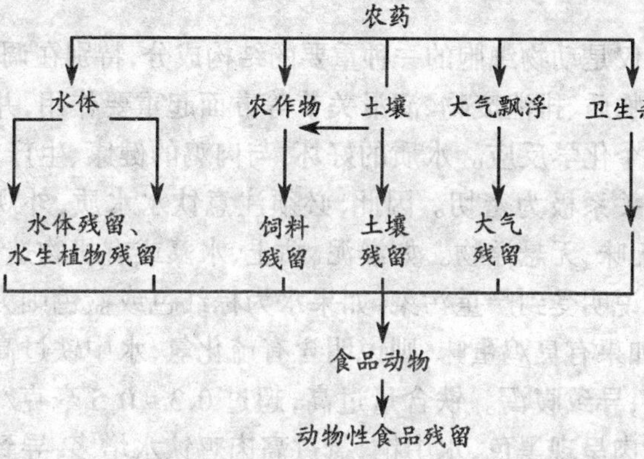

图 3-1 农药残留示意图

因此,要生产无公害的肉鸡就必须优化生产环境,鸡场不应受到环境污染的影响,考虑到场址一旦选定,不易改变,选址更应慎重。

(二)环境选择与监控

无公害肉鸡的产地对水、土、气及环境方面有如下的要求:

1. 土 壤

土壤对鸡的直接影响,是通过土壤中的成分,特别是微量元素的含量,土壤中的微生物与鸡健康的关系等起作用。如果土壤中含有有害物质,被鸡食入或与鸡的皮肤接触后会直接威胁鸡的健康。因而饲养户应当了解以往当地使用农药化肥的情况,并采集土壤样品检测汞、铬、铅、砷、镉、硒、有机污染物、六六六、滴滴涕等。土壤中存在有害物质不但对地面平养的肉鸡有直接影响,而且会对肉鸡场的水源造成污染。养鸡场的场地以选择在壤土或砂壤土地区较为理想。

2. 水

水不仅是动物细胞的一种重要的结构成分,特别在调节体温、转运营养物质、排泄废物、润滑关节等方面起重要作用,并参与机体内每一个化学反应。水质的好坏,与肉鸡的健康、生产性能、胴体品质的关系极为密切。因此,必须注意饮水水质,外观要求清澈、无色无味,无悬浮物。如淤泥、粘土、水藻或有机物造成浑浊,水浑浊则说明受到严重污染,如果水为棕红色或蓝色则为水中污染了铜,如果有臭鸡蛋味,则说明含有硫化氢,水中铁过高会刺激细菌繁殖,导致腹泻。铁含量过高,超过 0.3 ~ 0.5 毫克/升,易使禽蛋和禽肉呈现黑色,水中钠、氯过高肉鸡饮水增多,导致垫料潮湿,当含量大于 200 毫克/升,易影响肉鸡食欲和导致腹泻。此外,铁、钙过多,还易引起饮水设备堵塞,因而要求水中总可溶盐分(TDS)不能超标。此外,水中硫酸盐、磷酸盐、硝酸盐、亚硝酸盐过高也可引起肉鸡腹泻和产生中毒。

水中所含微量的成分:铅、汞、砷等重金属、有机农药、氰化物等有毒物,特别是大肠杆菌寄生虫卵、有机物腐败产物等引起水的污染严重，危害肉鸡和鸡肉的食品安全。因此，饲养肉鸡所用的水必须符合无公害食品畜禽饮用水水质标准(表 3-1，表 3-2)。

表 3-1 畜禽饮用水水质标准

项目			标准值	
			畜	禽
感官性状及一般化学指标	色(°)	≤	色度不超过 30°	
	浑浊度(°)	≤	不超过 20°	
	臭和味		不得有异臭、异味	
	肉眼可见物		不得含有	
	总硬度(以 $CaCO_3$ 计)，毫克/升	≤	1500	
	pH 值		5.5～9.0	6.4～8.0
	溶解性总固体，毫克/升	≤	4000	2000
	氯化物(以 Cl^- 计)，毫克/升	≤	1000	250
	硫酸盐(以 SO_4^{2-} 计)，毫克/升	≤	500	250
细菌学指标	总大肠菌群，个/100ml	≤	成年畜 10，幼畜和禽 1	
毒理学指标	氟化物(以 F^- 计)，毫克/升	≤	2.0	2.0
	氰化物，毫克/升	≤	0.2	0.05
	总砷，毫克/升	≤	0.2	0.2
	总汞，毫克/升	≤	0.01	0.001
	铅，毫克/升	≤	0.1	0.1
	铬(六价)，毫克/升	≤	0.1	0.05
	镉，毫克/升	≤	0.05	0.01
	硝酸盐(以 N 计)，毫克/升	≤	30	30

表 3-2　畜禽饮用水中农药限量指标　（单位为毫克/升）

项　目	限　值
马拉硫磷	0.25
内吸磷	0.03
甲基对硫磷	0.02
对硫磷	0.003
乐　果	0.08
林　丹	0.004
百菌清	0.01
甲萘威	0.05
2,4-D	0.1

养鸡场选择水源有以下原则：

（1）*水质良好*　若水源的水质不经处理就能符合饮用水标准是最为理想的。但除了以集中式供水作为水源外，一般就地选择的水源很难达到规定的标准。因此，还必须经过净化消毒达到《生活饮用水质标准》后才能使用。

（2）*水量充足*　水源能满足场内的人、鸡饮用和其他生产、生活用水，并考虑到防火和未来发展的需要。

（3）*便于防护*　水源周围的环境卫生条件应较好，以保证水源水质经常处于良好状态。

（4）*取用方便*　设备投资少，处理技术简便易行。

养鸡场就地自行选用的水源一般有三大类，即地面水、地下水、降水。地面水主要由降水或地下泉水汇集而成，其水质和水量极易受自然因素、工业废水、生活污水的污染，故供饮用的地面水一般需要经人工净化和消毒处理，河溪、湖泊和池塘水等地面水要经过净化处理达到标准才能使用。地下水是降水和地面水经过地层的渗滤作用贮积而成，水量、水质都比较稳定，因此，是较好的水源。但需注意，由于浅层土壤易受到周围的污染，包括农田化肥及养殖场排泄物等，容易导致水中含有过高的有毒有害物，甚至过量的大肠杆菌，浅井水不能作为肉鸡饮用水。降水是以雨、雪等形式降落到地面而成，空气污染严重，降水污染就严重，且降水收集不易、贮存困难、水量难以保证。故除了干旱地区外，一般不宜做养鸡场的水源。自来水公司供应的自来水是理想的用水，但成本较高。

3. 气

如果肉鸡的饲养环境中一氧化碳、尘埃、病原微生物等成分过多，不仅容易使肉鸡发病率提高，而且影响肉鸡的生长。

因此，要保证肉鸡的饲养环境良好。首先，鸡场应选在地势高燥、采光充足和排水良好，向阳通风，隔离条件好的区域建场。其次，鸡场周围3000米内无大工厂、矿场等，避免工矿产生的一氧化碳、尘埃带来污染，保证场区空气质量符合GB 3095大气质量三级标准(表3-3)。

表3-3 大气三级标准污染物浓度限值 (毫克/立方米)

污染物	总悬浮微粒	飘尘	二氧化硫	氮氧化物	一氧化碳	光化学氧化剂(O_3)
日平均	0.50	0.25	0.25	0.15	6.00	0.20
任何一次	1.50	0.70	0.70	0.30	20.00	—

4. 场外环境

要遵循社会公共卫生准则，使鸡场不致成为周围社会的污染源。同时，也要不受周围环境所污染。要求是：

第一，养鸡场与城市之间应有一个适宜的距离。如与城市供应无直接关系的原种场、种鸡场应远离市区，而主要为城市居民服务的肉鸡商品场则可设在近郊，但一般要相距1000～2000米或更远一些。

第二，鸡场距其他畜牧场至少1 000米以上，避免被其他畜牧场的病原微生物感染。

第三，村、镇居民区散养鸡群多，容易导致鸡群疾病传播，不利于鸡群防病。养鸡场与附近居民点的距离一般需1 000米以上，如果处在居民点的下风向，则应考虑距离不应小于2 000米，但不可建在饮用水源、食品厂的上游。

第四，防止污染。养鸡场与各种化工厂、畜禽产品加工厂等的距离应不小于3 000米，应远离兽医站、屠宰场、集市等传染源，而且不应处在这些工厂、单位的下风向。鸡舍要尽量选择在整个地区的上风头。同时，要考虑周围地块内庄稼、蔬菜等喷药时对肉鸡的影响。这些化学合成物质，通过空气或地面污染舍内肉鸡，并对鸡群健康造成危害。新建肉鸡饲养场亦不可位于传统的新城疫和高致病性禽流感疫区内。

5. 地势、土地状况

养鸡场场地应当地势高燥，至少高出当地历史洪水线1米以上；地下水位应在2米以下或建筑物地基深度0.5米以下，远离沼泽地区、盆地，地势要向阳避风，地面要平坦而稍有坡度以便排水，地面坡度以1°~3°为宜，最大不得超过25%。地形要开阔整齐，从而便于鸡场内各种建筑物的合理布置。还要避开坡底、风口，有条件的还应对其地形进行勘探，断层、滑坡和塌方的地方不宜建场。考虑到价格及生物安全因素，一般向阳山坡地和荒地为首选。另外，要考虑到可利用面积，结合总体规划，综合布局。

6. 交通运输

考虑到鸡苗、产品、饲料的运输问题，肉鸡场所在地应交通方便。由于干线公路经常有运输鸡的车辆通过，养鸡场与主要公路的距离至少要1 000米，一般道路可近一些，要求建专用道路与公路相连。

7. 供电、通讯

养鸡场电力供应要充足，应靠近输电线路，以尽量缩短新线铺设距离，最好有双路供电的条件，若无此条件，鸡场要有自备电源，以保证场内稳定的电力供应。要尽量靠近集中式供水系统（即城市自来水）和邮电通讯等公用设施，以便于保障供水质量及对外联系。

二、场舍建设及布局

（一）总体布局

1. 平面布局

布局的原则是：既要考虑节省土地，节约投资，又要有利于日后的生产管理和为防疫创造合适的条件。养鸡场内各种房舍的合理布局，首先应该考虑人的工作和生活集中场所的环境保护，使其尽量不受饲料粉尘、粪便气味和其他废弃物的污染。其次需要注意生产鸡群的防疫卫生，尽量杜绝污染源对生产鸡群环境污染的可能性。对综合性鸡场尤应注意，各个鸡群之间还应分成小区，并有一定隔离设施。

根据养鸡场地势和当地全年主导风向进行分区，即按地势坡向由高到低和主导风向从上风头到下风头对养鸡场分区规划，先后顺序应为职工生活区→生产管理区→养鸡生产区→污染隔离区。地势和风向相结合，若有矛盾，以主导风向为主（图 3-2）。

（1）场前区　包括行政和技术办公室、饲料加工及饲料库、车库、杂品库、更衣消毒和洗澡间、配电房、水塔、职工宿舍、食堂等。该区是担负鸡场经营管理和对外联系的场区，应设在与外界联系方便的位置。大门前应设有车辆消毒池，两侧设门卫和消毒更衣室。

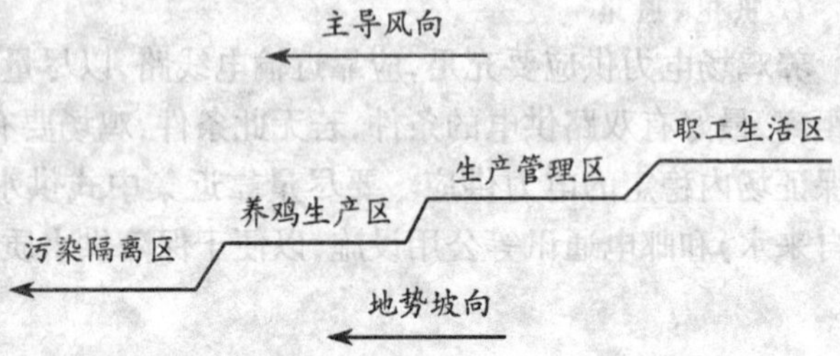

图 3-2　按地势、风向养鸡场合理布局

(2)生产区　是鸡场的核心,包括各种鸡舍。无论是专业性养鸡场还是综合性养鸡场,为保证防疫安全,鸡舍的布局应根据主风方向与地势,按下列顺序配置,即:孵化室、幼雏舍、中雏舍、后备鸡舍、成鸡舍。即孵化室在上风向,成鸡舍在下风向。

(3)隔离区　包括病、死鸡隔离,剖检、化验、处理等房舍和设施,粪便污水处理及贮存设施等。是养鸡场病鸡、粪便等污物集中之处,是卫生防疫和环境保护工作的重点,该区应设在全场的下风向和地势最低处,且与其他两区的卫生间距不宜小于 50 米。

鸡场的分区规划,要因地制宜,根据拟建场区的自然条件、地势地形、主导风向和交通道路的具体情况进行,不能生搬硬套采用别场图纸,尤其是鸡场的总体平面布置图,更不能随便引用。如某肉鸡场的主导风向为东南风,禽舍为东南向,则其布局顺序由南往北为孵化室、种禽舍、幼中雏和育成禽舍,然后是育肥禽舍。供应区在北侧,行政区在西北侧,生活区在西侧。此外,生产区内各种禽舍应保持适当的距离,一般为 30 ~ 50 米,行政区和供应区距生产区为 80 米以上,生活区又距行政区和供应区为 100 米以上。

2. 鸡舍的排列、朝向、间距

鸡舍排列的合理与否,关系到场区小气候、鸡舍的光照、通风、建筑物之间的联系、道路和管线铺设的长短、场地的利用率等。一般横向成排(东西),纵向成列(南北),称为行列式,即各鸡舍应平行整齐呈梳状排列，不能相交。如果鸡舍群按标准的行列式排列与鸡场地形地势、鸡舍的朝向选择等发生矛盾时，也可以将鸡舍左右错开、上下错开排列，但仍要注意平行的原则，不要造成各个鸡舍相互交错。

鸡舍的朝向应根据当地的地理位置、气候环境等来确定。适宜的朝向要满足鸡舍日照、温度和通风的要求。鸡舍建筑一般为长矩形，由于我国处在北纬20°～50°，太阳高度角（太阳光线与地平面间的夹角）冬季小、夏季大，故鸡舍应采取南向（即鸡舍长轴与纬度平行）。这样，冬季南墙及屋顶可最大限度地被利用收集太阳辐射以利于防寒保温。有窗式或开放式鸡舍还可以利用进入鸡舍的直射光起到一定的杀菌作用；而夏季则避免过多地接受太阳辐射热，引起舍内温度增高。如果同时考虑当地地形、主风向以及其他条件的变化，南向鸡舍允许做一些朝向上的调整，向东或向西偏转15°配置。南方地区从防暑考虑，以向东偏转为好。我国北方地区朝向偏转的自由度可稍大些。

确定鸡舍间距主要考虑日照、通风、防疫、防火和节约用地。从日照角度考虑，鸡舍间距以保证在冬至日上午9时至下午15时的6个小时内，北排鸡舍南墙有满日照。从防疫角度考虑，间距是鸡舍高度的3～5倍即能满足要求。从通风角度考虑，应注意不同的通风方式，若鸡舍采用自然通风，且鸡舍纵墙垂直于夏季主风向，间距取3～5倍高（南排鸡舍高）适宜；若鸡舍采用横向机械通风，其间距因防疫需要也不应低于3倍高；若采用纵向机械通风，鸡舍间距可以适当缩小，1～1.5倍高即可。从防火角度考虑，按国家规定，采用8～10米的间距。综合几种因素的要求，鸡舍间距不小于3～5倍高（南排鸡舍高）时，可以基本满足各方面的要求。

3. 场内的道路、排水

生产区的道路应区分为运送产品和用于生产联系的净道，以及运送粪便、污物、病鸡、死鸡的污道。物品只能单方向流动，净道与污道决不能混用或交叉,以利于卫生防疫。场外的道路决不能与生产区的道路直接连接,场前区与隔离区应分别设与场外相通的道路。场内道路应不透水,路面断面的坡度一般场内为1°~3°,路面材料可根据具体条件修成柏油、混凝土、砖、石或焦渣路面。道路宽度根据用途和车宽决定。生产区的道路一般不行使载重车,但应考虑火警等情况下车辆进入生产区时对路宽、回车和转弯半径的需要。各种道路两侧,均应留有绿化和排水明沟所需地面。

场内的排水设施是为排出雨水、雪水,保持场地干燥、卫生。为减少投资,一般可在道路一侧或两侧设明沟,沟壁、沟底可砌砖、石,也可将土夯实做成梯形或三角形断面,再结合绿化护坡,以防塌陷。如果鸡场场地本身坡度较大,也可以采取地面自由排水(地下水沟用砖、石砌筑或用水泥管),但不宜与舍内排水系统的管沟通用,以防泥沙淤塞影响舍内排污及加大污水净化处理负荷,并防止雨季污水池满溢,污染周围环境。隔离区要有单独的下水道将污水排至场外的污水处理设施。

4. 场区的绿化

搞好肉鸡养殖场的绿化有以下意义。

(1)改善鸡场小气候　在夏季,由于树叶及其他植物叶片表面水分的蒸发、光合和遮荫等作用,大量吸收太阳辐射热,从而降低了空气的透明度,减弱了日辐射光能,降低了周围的空气温度,进入鸡舍的空气经过预冷,降低了夏季鸡舍内温度。在冬季,一方面树木遮挡减低了气流速度,缓解了恶劣气流对鸡舍的袭击;另一方面,由于树木的生命活动继续进行,还向周围散发一定的热量,使场内气候较为温和。

(2)保护环境,净化空气　在鸡舍周围,绿化的植物和树叶,通过太阳光的作用进行吐故纳新,吸收二氧化碳放出氧气,使鸡舍周围空气清新干净。在气流和风压作用下,新鲜空气进入鸡舍,有助于鸡群的健康。由于鸡群呼吸和粪便废弃物的发酵腐败,产生大量的二氧化碳、氨气和硫化氢气体，这些气体不断地散发到鸡舍周围，被树叶或绿色的植物吸收利用。这种气体的交换，成为良性循环过程，也保护了环境。

(3)减少空气中的尘埃和细菌　由于树木和草地阻挡，降低了局部地段的风速，使尘埃降落到地面，遇雨水冲洗到土壤中。自然界相当数量的细菌被吸附在尘埃中，鸡舍排出的粉尘和毛屑等，由树木及草皮的吸附、过滤、降落，经雨水淋洗不断被清除，从而减少了空气中的尘埃和细菌数量。

(4)增强防火　由于树木枝叶蒸发大量的水分，湿度增加，且树林减低风速，有利于防火。

(5)减弱噪音　阔叶树木树冠能吸收26%的音能。夏季树叶及植物茂密时可降低噪音7~9分贝，秋季可降低3~4分贝。

(6)有助于人体身心健康，提高工作效率　场内有各种树木、花草点缀其间，构成优雅的环境。饲养员工作在空气清新的绿色花园中，心旷神怡，身心健康，同时也提高了工作效率。

在进行养鸡场规划时，必须规划出绿化地，其中包括防风林(在多风、风大地区)、隔离林、行道绿化、遮阳绿化、绿地等。防风林应设在冬季主风的上风向，沿围墙内外设置，最好是落叶树和常绿树搭配，高矮树种搭配，植树密度可稍大些。隔离林主要设在各场区之间及围墙内外，应选择树干高、树冠大的乔木。行道绿化是指道路两旁和排水沟边的绿化，起到路面遮阳和排水沟护坡的作用。遮阳绿化一般设于鸡舍南侧和西侧，起到为鸡舍墙、屋顶、门窗遮阳的作用，绿地绿化是指鸡场内裸露地面的绿化，可植树、种花、种草，也可种植有饲用价值或经济价值的植物，如果树、苜蓿、草坪、草皮等，将绿化与养鸡场的经济效益结合起来。

养鸡场植树造林应注意树种的选择，杨树、柳树等树种在吐絮开花时产生大量的绒毛，易造成防鸟网的堵塞及通风口的不畅通，降低风机的通风效率，对净化环境和防疫不利。值得注意的是，国内外一些集约化的养鸡场,尤其是种禽场为了确保卫生防疫安全有效,往往在整个场区内不种一棵树,其目的是不给飞翔的鸟儿有栖息之处,以防病原微生物通过鸟粪等杂物在场内传播,继而引起传染病;场区内除道路及建筑物之外全部铺种草坪,仍可起到调节场区内小气候、净化环境的作用。

(二)鸡舍建筑

1. 鸡舍的基本结构

(1)屋顶　屋顶在夏季接受太阳辐射热较多,而在冬季舍内热空气上升,失热也较多。因此,屋顶除要求不透水、不透风、有一定的承受能力(积雪)外,对保温隔热要求更高。为了加强鸡舍屋顶的保温隔热能力,在鸡舍与屋顶下空间设天棚隔开。天棚必须具备保温、隔热、不透水、不透气、坚固、耐久、防潮、光滑、结构严密、轻便、简单、造价便宜的特点。鸡舍内的高度通常以净高表示,也即地面至天棚或地面至屋架下弦下缘的高。寒冷地区应适当降低净高,而在炎热地区加大净高则是缓和高温影响的有力措施之一。

(2)墙壁　根据是否受到屋顶的荷载,墙可分为承重墙与隔断墙;根据是否与外界接触,墙可分为外墙与内墙。墙对鸡舍内温湿状况的保持起重要作用,应具有保温隔热性能(一般 25 ~ 37 厘米厚)。除此之外,还应具备坚固、耐久、抗震、耐水、防火、抗冻、结构简单、便于清扫和消毒的基本特点。内墙表面应光滑平整,墙面不易脱落、耐磨损和不含有毒有害物质,鸡舍地面和基础最好为混凝土结构,防止鼠打洞进入鸡舍,防止鸡啄食地面。鸡舍所有开口处都应用孔径为 2.0 厘米的铁丝网封闭,鸡舍的设计和建造不应留有任何鸟类或野生动物进入鸡舍的方便之处。

(3)地面　采用地面平养,无论是否有垫料,鸡群接近地面活动,会受地面的土层许多因素的影响。因此,要求鸡舍内应高于舍外地面 0.3 米以上,以便创造高燥的环境。同时为保证鸡舍排水系统的通畅，避免污水积存、腐败产生臭气，舍内地面应向排水沟方向做2°~3°的坡。另外，鸡舍地面还必须便于清扫消毒、防水和耐久。

(4)门窗　一般来讲，肉鸡舍窗户离地面高度为50厘米，高1.2~1.8米，宽1.8~2米。北窗面积比南窗面积小，是南窗面积的2/3左右。窗的总面积是地面面积的15%~20%。门一般设在南向鸡舍的南墙，为两扇门，推拉均可，高2米，宽1.3~1.6米。

(5)鸡舍的宽度、长度和高度　我国统一规定以3米进位，即6米、9米、12米。肉鸡舍的宽度最好为12米。鸡舍的长度受鸡群规模大小及机械化设施的影响，地面平养或半网平养肉鸡舍长度为50~80米。肉种鸡舍高度一般为2.5~2.7米，不可太高。

(6)鸡舍的走道　鸡舍的走道是饲养员每天工作和观察鸡群的场所。走道的设置位置与鸡舍跨度有关，跨度小于9米的一般设在北面，跨度大于9米的可设在鸡舍中间或北面。走道与鸡舍纵轴平行，走道的宽度为1.2米。

(7)鸡舍内间隙　为了便于鸡舍内通风和便于饲养员观察鸡群，鸡舍可用铁丝网相隔成小圈，每圈容鸡数不超过2500只为宜。一般来讲，鸡舍跨度为12米时，三间一隔为一自然间(圈)。

2. 鸡舍的类型

(1)鸡舍整体结构类型　鸡舍整体结构基本分为两大类型：一种是开放式鸡舍，另一种是密闭式鸡舍。开放式鸡舍系采用自然通风换气和自然光照与补充人工光照相结合。密闭式鸡舍又称无窗鸡舍，系采用人工光照，机械通风。目前从全国看，开放、简易、节能鸡舍占商品鸡鸡舍的主流。开放和密闭相结合的鸡舍即开放密闭兼用型有很大的推广价值。究竟选择哪种类型的鸡舍，应从当地具体条件出发，根据气候、供电、资金能力而定，不可生搬硬套，一概而论。

①开放式鸡舍　这种类型鸡舍的特点是：鸡舍有窗户，全部

或大部分靠自然的空气流通来通风换气，由于自然通风的换气量较小，若鸡舍不添置强制通风设备，一般饲养密度较低，需要投入较多的人工进行调节。因为鸡舍内的采光是依靠窗户进行自然采光，故昼夜的时间长短随季节的转换而变化，舍内的温度基本上也是随季节的转换而升降。

开放式鸡舍按屋顶结构的不同，通常分为单坡式、钟楼式、半钟楼式、双坡式、拱式和平顶式6种(图3-3)。

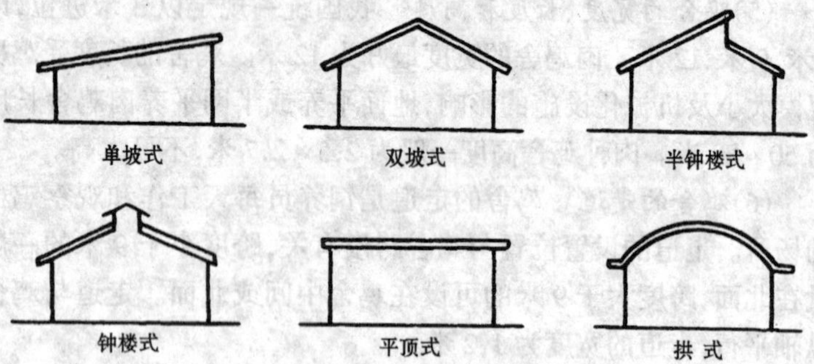

图3-3 鸡舍屋顶式样示意图

单坡式鸡舍　跨度小，多带运动场，适于小规模养鸡，环境条件易受自然条件的影响。

钟楼式鸡舍或半钟楼式鸡舍　通风和采光较双坡式好，但造价稍高。

双坡式鸡舍　跨度大，适宜大规模机械化养鸡，舍内采光和通风稍差。

平顶式鸡舍　现在很少用，夏天热。

拱式鸡舍　造价低，用材少，屋顶面积小。适宜缺乏木材、钢材的地方。

开放式鸡舍的优点：造价低、投资少。设计、建材、施工工艺与内部设置等条件要求较为简单，对材料的要求不严格；鸡体由于经受自然条件的锻炼,能经常活动,适应性较强,体质强健;在气候较为暖和、全年温差不太大的地区,采用普通鸡舍养鸡,可提高鸡群的生产性能。

开放式鸡舍的缺点:外界自然条件变化,对鸡的生产性能有很大的影响。生产的季节性极为明显,不利于均衡生产和保证市场的正常供给;开放式管理方式,鸡体可通过昆虫、野禽、土壤、空气等各种途径感染较多的疾病;占地面积大,用工较多。

②密闭式鸡舍(无窗鸡舍) 一般无窗,完全密闭,屋顶和四壁隔温良好。鸡舍内的小气候,通过各种设备进行控制与调节,以最大程度地满足鸡体最适生理要求。鸡舍内采用人工通风与光照。通过调节通风量的大小和速度,在一定范围内控制鸡舍内的温度和相对湿度。夏季炎热时,可通过加大通风量或采取其他降温措施;寒冷季节一般不专门供应暖气,而是靠鸡体本身的热量散发,使舍内温度维持在比较适宜的范围之内。

密闭式鸡舍的优点:这种鸡舍可以消除或减少严寒酷暑、狂风、暴雨等一些不利的自然因素对鸡群的影响,为鸡群提供较为适宜的生活、生产环境。四周的密闭,基本上可杜绝自然媒介传入疾病的途径;进行人工光照,有利于控制鸡的性成熟和刺激产蛋,也便于对鸡群实行诸如限制饲喂、强制换羽等措施;密闭式鸡舍采用了人工通风和光照,鸡舍间的间距可大大缩小,从而节约了占地面积。由于鸡体活动受到限制和在寒冷季节鸡体热量散发的减少,因而饲料报酬有所提高。

密闭式鸡舍的缺点:建筑与设备投资高,要求较高的建筑标准和较多的附属设备;鸡群由于得不到阳光的照射,且接触不到土壤,所以必须供给全价饲料,以保证鸡体获得全面的营养物质,否则鸡群会出现某些营养缺乏性疾病;由于饲养密度高,鸡群大,隔离、消毒及投药都比较困难,鸡只彼此互相感染疾病的机会大大增加,必须采取极为严密、效果良好的消毒防疫措施,确保鸡群健康;

由于通风、照明、饲喂、饮水等全部依靠电力，必须有可靠的电源，否则遇有停电，特别是在炎热的夏季，会对养鸡生产造成严重的影响。

③开放—封闭兼用型　这种鸡舍兼具开放与封闭两种类型的特点，如复合聚苯板组装式拱形鸡舍。

复合聚苯板组装式拱形鸡舍：该鸡舍采用轻钢龙骨架拱形结构，选用聚苯板及无纺布为基本材料，经防水强化处理后的复合保温板材做屋面与侧墙材料，这种材料隔热保温性能极强，导热系数仅为0.033～0.037，是一般砖墙的1/20～1/15，既能有效地阻隔夏季太阳能的热辐射，又能在冬季减少舍内热量的散失。两侧为窗式通风带，窗仍采用复合保温板材，当窗完全关闭时，舍内完全封闭，可以使用湿垫降温纵向通风或暖风炉设备控制舍内环境；当窗同时掀起时，舍内成凉棚状，与外界形成对流通风环境，南北侧可以横向自然通风，自然采光，节约能源与费用，具有开放式鸡舍的特点。所以，该鸡舍属于开放—封闭兼用型鸡舍，可以适应外界环境的变化而改变形态。

鸡舍建筑投资包括基础、地圈梁、龙骨架、屋面、通风窗五大部分。地面以上无砖结构，属于组装式轻型结构。建材主要为钢材、复合保温板、水泥、粘土、少量砖。由于复合聚苯板质轻、价廉、耐腐蚀、保温性能好，因而降低了投资造价，降低了鸡的饲养成本，增强了鸡场竞争力。鸡舍结构简单，组装容易，建场工期短、见效快，有利于加快资金周转。通风、温度、照明皆可利用外界的自然能源。

(2)鸡舍地面类型　鸡舍地面类型可以分为以下3种：

①全垫料地面　地面全部铺以厚约20厘米的垫料，垫料经常更换。这种地面可以养雏鸡、育成鸡或种鸡，尤其适用于养肉用仔鸡。但饲养密度较低，鸡较易患寄生虫病，种蛋较脏。

②全条板或全金属网地面　地面是在离地面50～60厘米高

处全部铺设条板或金属网,用金属网时网面一定要铺得平整。可以饲养蛋用型雏鸡、育成鸡或蛋用型种鸡。优点是饲养网面的高度比垫料地面方法高。条板宽度2.5~5厘米,条板间隙约为2.5厘米。

③条板—垫料混合地面　这是1/3垫料和2/3条板的混合地面。这种地面尤其适于饲养肉用种鸡,全世界广泛采用,也可用于饲养育成鸡。饲养量比全垫料地面法多20%左右。有的不用条板而用竹或焊接金属网也可以,但焊接金属网饲养效果不够理想。

闲置的农村住房经适当改善也可作为肉鸡舍,但这种房屋通风差,空间有限,生产量小,也不利于防疫,对少量饲养的农户可利用这些房屋,必要时加以改造。旧房屋一般通风较差,可将窗户扩大放低,以增加通风量和采光面,尽可能前后都设窗户,可将屋顶改造成钟楼式,并装上可以开启的小门。

3. 鸡舍保温隔热建材的选择

鸡舍温度对鸡的生长发育、产蛋长肉和饲料消耗都有直接关系,鸡群在适宜温度范围内能保持良好的生理状况,可以充分发挥鸡群生产潜力,达到较高的生产水平,消耗较低的饲料,获得高的经济效益。

(1)鸡舍温度设计参数　鸡舍内温度参数应按冬季计算,舍外气温各个地区设计规范有统一规定,如北京地区为-9℃。舍内温度我国尚无统一标准。设计参数并非鸡群最适温度,一般鸡舍内温度设计参数低于鸡群最适温度,如按最适温度18℃~24℃计算,采用我国的常用建筑材料就应加宽加厚或做特别处理,将会大大提高鸡舍的建筑造价,在实践中往往是做不到的。按民用建筑常规做法,虽然达不到最适温度指标,但就鸡的生理调节范围之内所允许的温度,还是可以达到的。一般对鸡舍内计算参数定在略低于鸡群适宜温度(13℃~23℃)的下限,即10℃左右。实践证明,这样的参数对鸡的产蛋从实际经济效益来看还是可行的。

(2)鸡舍的隔热　不管鸡舍类型如何,对大部分墙壁和屋顶都必须采用隔热材料或隔热装置,这对开放型和封闭型鸡舍都必不可少。大多数隔热装置或隔热材料用于屋顶部分,因为在寒冷天气中这是失热最大的区域;而在炎热天气中,这又是阳光直接照射的区域。

半隔热处理的屋顶可因阳光辐射而导致舍内高温,这对鸡生产性能有非常不利的影响。每种类型的墙或屋顶材料都有一定的热阻值。因此,根据所用各种材料的热阻值就可求出墙壁或屋顶的总热阻值(表 3-4,表 3-5)。

表 3-4　围护结构热阻参数值

气候类型	屋顶热阻值	墙壁热阻值
炎　热	4	2
温　和	8	2.5
寒　冷	12 ~ 14	8 ~ 10

表 3-5　不同建筑材料的热阻值

绝热材料种类	厚度(厘米)	热阻值
木材纤维板	2.5	4.00
模制多孔聚苯乙烯(模压板)	2.5	3.50
压制多孔聚苯乙烯(泡沫苯乙烯)	2.5	5.00
玻璃纤维	2.5	3.70
氨基甲酸乙酯泡沫	2.5	6.60
岩棉(原材)	2.5	3.33
岩棉(板材)	2.5	3.33
玻璃纤维板	2.5	3.33
锯末或刨花(干燥的)	2.5	2.22
稻　草	2.5	1.75

保温措施,一方面加强门窗或卷帘的管理,防止冷风渗透。如采用玻璃钢多功能通风窗,由于窗面为整块无缝的玻璃钢,窗扇与

窗口接触处,窗扇四周设“飞边”,可以封堵窗缝,故这种窗的整体无缝性也很好。窗或卷帘打开时通风换气,关闭时便可封严,窗为双层,有利于保温隔热;另一方面是从选用保温性能好的建筑材料,加厚北墙的厚度和屋顶的吊装顶棚等建筑措施。防热措施则主要靠加强通风,夏季将所有窗子或卷帘打开,特别是地窗或下部风口,南北对流形成“扫地风”,对降低舍内温度起着十分明显的作用。还可利用鸡舍外面种草种树,增加绿色植物覆盖率,降低舍外气温,对鸡舍防热也有明显的作用。此外,结合通风技术,利用湿垫降温也是行之有效的技术设施,近年来各大鸡场均有采用,均能起到良好的降温效果。在通风供热方面也已有配套的工程技术设施,多采用热风炉或热交换器以正压供热的通风方式,解决鸡舍供暖。

三、设备选择与配置

(一)供料系统

主要包括料塔和上料输送装置、喂料机和料盘三部分。料塔和上料输送设备,国内生产的有 9TZ-2 型料塔,9SHZ-2 型横向弹簧输料机。9TZ-4 型料塔适用于贮存鸡用干粉状配合饲料,并与输料机配套向鸡舍内输送。喂料机目前采用比较多的有链板式(图 3-4)、索盘式和螺旋弹簧式等多种形式。料盘主要有几种形式,如开食盘、料桶和食槽。

1. 开 食 盘

适用于雏鸡最初几天饲养,目的是让雏鸡有更多的采食空间,开食盘有方形、圆形等不同形状。面积大小视雏鸡数量而定,一般为 60～80 只/个,圆形开食盘直径为 350 毫米或 450 毫米,多用塑料制成。

2. 料　桶

适用于平养育成鸡、肉仔鸡，它的特点是一次可添加大量饲料，贮存于桶内，供鸡只不停地采食，对于肉仔鸡，为了加快生长速度可以不限制供料，而对于育成鸡则要根据体重情况，按标准给料。料桶材料一般为塑料和玻璃钢，容重3~10千克。容量大，可以减少喂料次数，减少对鸡群的干扰，但由于布料点少，会影响鸡群的均匀度；容量小，喂料次数和布点多，可刺激食欲，有利于肉鸡采食和增重。

3. 食　槽

合理的食槽应该是：表面光滑平整，采食方便，不浪费饲料，鸡不能进入食槽，便于拆卸清洗消毒。制作食槽的材料可选用木板、竹筒、镀锌板等。常见的有条形食槽和吊桶式自动圆形食槽。

(1)条形食槽　这种食槽的槽口两边向内弯1~2厘米，或加木棍一根，以防鸡啄食时将饲料勾出。中央装一个能自动滚动的圆木棒，防止鸡立槽拉粪。

平养时，食槽的大小和高度应根据鸡的大小而定，一般应备有大、中、小三种规格，分别用于不同的生长阶段。每只鸡应占有食槽的长度：2~4周龄4厘米；5~10周龄5~6厘米；11~12周龄7~8厘米。食槽的高度以食槽边缘高度高出鸡背0~5厘米为宜。

(2)螺旋式给料机　普遍用于平养，整套系统包括贮料塔、盛料箱、驱动器、圆形料槽和手摇绞车等(图3-5)。

(3)螺旋式输送机的构造　由输料管、推送螺旋和驱动器三个主要部件组成，输料管为输送饲料管道，推送螺旋是推送饲料用，饲料由舍外贮料塔先输送至舍内盛料箱，再由盛料箱分送到各料盘里，两个工序均用螺旋式输送机分别完成。

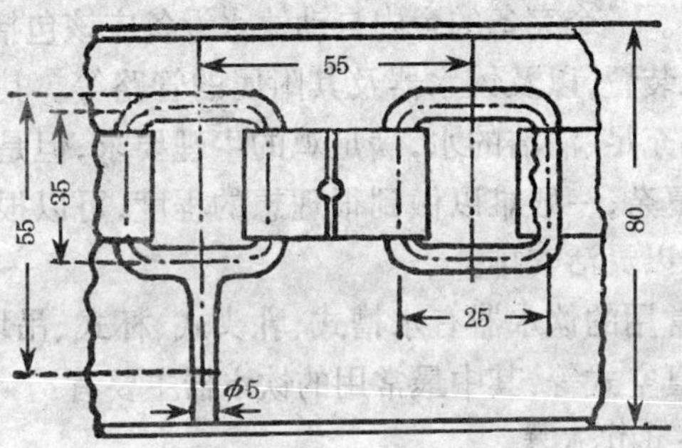

图 3-4 板形链环 (单位:厘米)

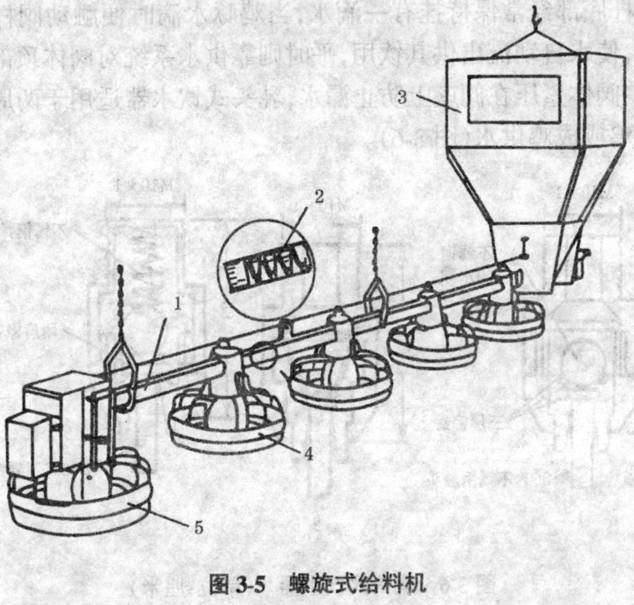

图 3-5 螺旋式给料机

1. 输料管 2. 螺旋弹簧 3. 料箱 4. 盘筒式饲槽 5. 带料位器的饲槽

(二)饮水系统

鸡的饮水问题十分重要。机械化养鸡中心必须装备可靠的自动饮水设备。一个完备的舍内自动饮水设备应该包括过滤、减压、消毒和软化装置，以及饮水器及其附属的管路等。其作用是随时都能供给鸡充足、清洁的水，满足鸡的生理要求，但是软化装置投资大，设备复杂，一般难以做到很理想的程度，可以根据当地水质硬度情况给以灵活安排。

目前，常用的饮水器有水槽式、乳头式、杯式、吊塔式、份式水勺饮水器、真空式等，其中最常用的饮水器主要有：

1. 乳头式饮水器

分为锥面、平面和球面密封型三大类，设备利用毛细管原理，在阀杆底部经常保持挂有一滴水，当鸡啄水滴时便触动阀杆顶开阀门，使水自动流出供其饮用，平时则靠供水系统对阀体顶部的压力，使阀体紧压在阀座上防止漏水，乳头式饮水器适用于两周龄以上雏鸡或成鸡供水(图 3-6)。

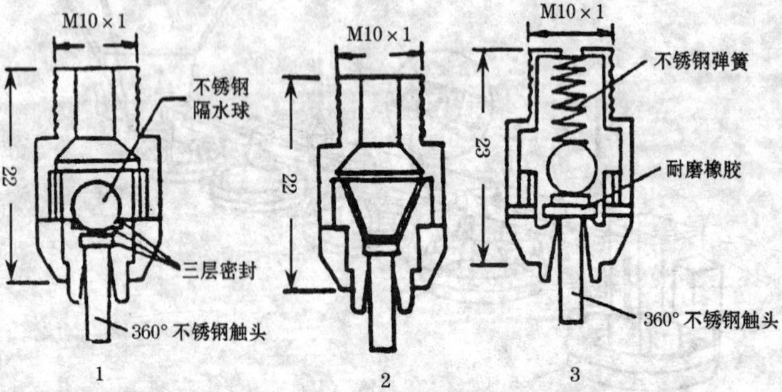

图 3-6　乳头式饮水器　(单位:厘米)

1. 球面乳头饮水器　2. 锥面乳头饮水器　3. 平面乳头饮水器

2. 杯式饮水器

杯式饮水器由杯体、杯舌、销轴和密封帽等组成，它安装在供水管上。杯式饮水器有雏鸡用和成年鸡用两种，雏鸡用的杯体较窄,宽29毫米,长168毫米,成年鸡用的杯体宽42.5毫米,长154毫米。杯式饮水器供水可靠,不易漏水,耗水量小,不易传染疾病,主要缺点是鸡饮水将饲料残渣带进杯内,需要经常清洗。清洗比较麻烦。水杯的安装高度应按不同的鸡种、鸡龄确定,成年鸡一般离网底200~250毫米,雏鸡在50~80毫米范围内,见图3-7。

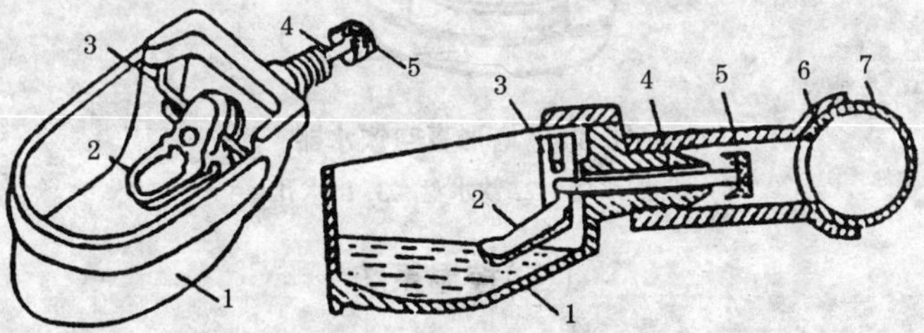

图3-7 杯式饮水器

1. 杯体 2. 触发浮板 3. 销轴 4. 阀门杆 5. 橡胶塞 6. 鞍形接头 7. 水管 (引自杨宁主编《现代养鸡生产》)

3. 长条形饮水器

即长条形水槽,可用竹、木、铁皮、塑料、水泥、陶瓷等多种材料制成。其断面一般呈"V"字形、"U"字形和"⌴"形等,尺寸可随鸡的生长阶段不同而不同,一般槽高为5厘米,槽宽6厘米。农村养鸡专业户也可用竹筒制作;也有的采用旧的脸盆、塑料盘及瓦钵,上面架设由细竹竿围成的锥形竹圈,鸡只能从竹子间隙中伸头饮水,身体却不能进入里面,适用于青年鸡和成年鸡。

4. 塔形真空饮水器

由一个上部呈馒头形或尖顶的圆桶,与下面的1个圆盘组成(图3-8)。圆桶顶部和侧壁不漏气,基部离底盘高2.5厘米处开1~2个小圆孔,圆桶盛满水后,当底盘内水位低于小圆孔时,空气由小圆孔进入桶内,水就会自动流到底盘;当盘内水位高出小圆孔时,空气进不去,水就流不出来。这种饮水器结构简单,使用方便,便于清洗消毒,适用于平面饲养或雏鸡笼养。

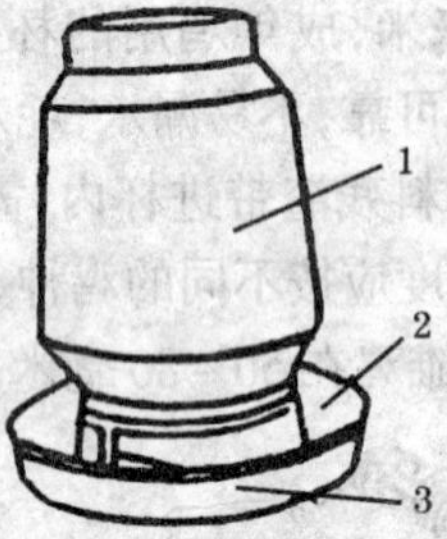

图 3-8 塔形真空饮水器

1. 水槽 2. 饮水盘 3. 出水孔

(三)控温系统

包括降温设备和升温设备两种。升温设备主要有保温伞、地下烟道与火炕、红外灯、热风机、煤炉等。降温设备主要有湿帘及风机降温设备、低压喷雾系统和高压喷雾系统。

1. 保温伞

又称保姆伞、伞形育雏器,有多种类型,使用前应仔细阅读说明书,调整好高度,保证使用安全,通常1个保温伞育雏鸡250~500只。

2. 地下烟道和火炕

火炕,即在育雏室内用砖或土坯砌成一个火炕,火炕分上、下两层,下层用砖砌成纵横相交的火道,火道上面铺一层厚土且夯实。靠近灶的地方要铺厚些,上面可铺一层砖,或直接在土坯上加一层木屑即可育雏。火炕的形状和结构相似于北方的睡炕,雏鸡即利用炕面的温度取暖。实践证明:火炕温度稳定,好控制;温度自下而上,小鸡腹部暖和,睡得舒服,不易扎堆。

3. 地下烟道育雏

在我国农村使用最为普遍,它主要由炉灶、烟道、烟囱构成。炉灶与一般家庭用相似,其大小可根据育雏室面积的大小进行调整。烟道可用金属管、瓦管或陶瓷管铺设,也可用砖砌成,烟道一端连炉灶,另一端通向烟囱。烟道安装时,应注意有一定的斜度,近炉端要比近烟囱端低10厘米左右。烟囱高度相当于管道长度的1/2,并要高出屋顶。过高吸火太猛,热能浪费大,过低吸火不利,育雏室温度难以达到规定要求。砌好后应检查管道是否通畅,传热是否良好,并要保证烟道不漏烟。

4. 红 外 灯

红外灯具有产热性能好的特点,在电源供应较为正常的地区,可从市场上购买红外线灯,安装在木板或金属管制成的十字架上,然后吊在育雏室或装在保温伞内,通过散发热量来育雏。灯泡的功率一般为250瓦,悬挂在离地面35～40厘米处,并可根据育雏室温度高低的需要,调节悬挂高度。

5. 暖风机供暖

系统的组成主要由进风道、热交换器、轴流风机、混合箱、供热恒温控制装置、主风道组成。通过热交换器的通风供暖方式,是到目前为止效果最好的,它一方面使舍内温度均匀,空气清新;另一方面效益也不错,节能效果显著。

6. 煤 炉

广大农村养鸡户,特别是简易棚舍或平房养殖,较多采用煤炉产热取暖,使用煤炉取暖要注意取暖与通风的协调,避免一氧化碳中毒。

7. 湿帘及风机降温设备

该设备是一种新型的降温设备。它是利用水蒸气降温的原理来改善鸡舍热环境较有效的技术措施。主要由湿帘和风机组成,循环水不断淋湿其湿帘,产生大量的湿表面吸收空气中的热量而蒸发;通过低压大流量的节能风机的作用,使鸡舍内形成负压,舍外的热空气便通过湿帘进入鸡舍内,由于湿帘表面吸收了进入空气中的一部分热量其温度下降,从而达到舍内温度降低的目的。

湿帘外形见图 3-9，风机安装图见图 3-10。

8. 低压喷雾系统

喷嘴安装在舍内或笼内鸡的上方，以常规压力进行喷雾。

喷雾—风机系统与湿帘—风机系统相似，所不同的是进风须经过带有高压喷嘴的风罩，当空气经过时，温度就会下降。

9. 高压喷雾系统

特制的喷头可以将水由液态转为气态，这种变化过程具有极强的冷却作用。它是由泵组、水箱、过滤器、输水管、喷头组件、固定架等组成，雾滴直径在 80～100 微米。

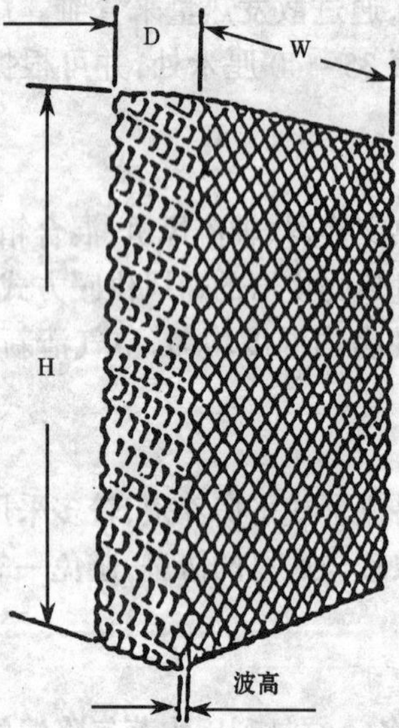

图 3-9 湿帘外形示意图

（引自杨宁主编《现代养鸡生产》）

（四）通风、照明设备

鸡舍的通风换气按照通风的动力可分为自然通风、机械通风和混合通风三种，机械通风主要依赖于各种形式的风机设备和进风装置。

1. 常用风机类型

（1）轴流式风机 这种风机所吸入和送出的空气流向与风机叶片轴的方向平行。轴流式风机的特点是，叶片旋转方向可以逆转，旋转方向改变，气流方向随之改变，而通风量不减少。轴流式风机可以设计为尺寸不同、风量不同的多种型号，并可在鸡舍的任何地方安装。

（2）离心式风机 这种风机运转时，气流靠叶片的工作轮转动

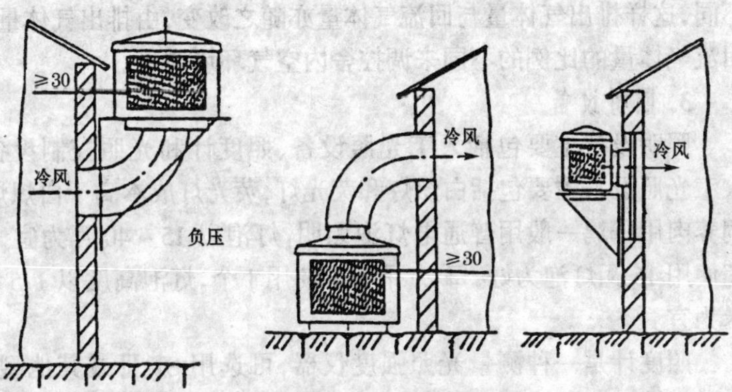

图 3-10 冷风机的安装图 （引自杨宁主编《现代养鸡生产》）

时所形成的离心力驱动。故空气出入风机时和叶片轴平行，离开风机时变成垂直方向，这个特点使之自然地适应通风管呈 90°的转变。

(3)吊扇和圆周扇　吊扇和圆周扇安装于顶棚或墙内侧壁上，将空气直接吹向鸡体，从而在鸡只附近增加气流速度，促进蒸发散热。圆周扇和吊扇一般作为自然通风鸡舍的辅助设备，安装位置与数量要视鸡舍情况而定。

2. 进气装置

进气口的位置和进气装置，可影响舍内气流速度、进气量和气体在鸡舍内的循环方式。进气装置有以下几种形式：

(1)窗式导气板　这种导风装置一般安装在侧墙上，与窗户相通，故称“窗式导风板”，根据舍内鸡的日龄，体重和外界环境温度来调节风板的角度。

(2)顶式导风装置　这种装置常安装在舍内顶棚上，通过调节导风板来控制舍外空气流量。

(3)循环用换气装置　是用来排气的循环换气装置，当舍内温暖空气往上流动时，根据季节的不同，上部的风量控制阀开启程度不同，这样排出气体量与回流气体量亦随之改变，由排出气体量与回流气体量的比例的不同来调控舍内空气环境质量。

3. 照明设备

照明设备主要包括人工光照设备、照度计和光照控制设备。人工光照设备主要包括白炽灯和荧光灯，荧光灯成本高于白炽灯。饲养肉用仔鸡一般用普通电灯泡照明，灯泡以 15 ~ 40 瓦为宜，后期使用 15 瓦灯泡为好，每 20 平方米使用 1 个，灯泡高度以 1.5 ~ 2 米为宜。

照度计是一种测量光照强度仪器，可选用 ST-Ⅲ或其他型号的照度计。光照控制器，其基本功能为自动启闭禽舍照明灯，即利用定时器的许多时间段自编程序功能，实现精确控制舍内光照时间。有些定时器还辅有自动测定装置，天亮时自动关灯，阴雨天气光线昏暗时自动开灯照明。有的还通过电压调整改变灯光亮度，使开关灯时有渐亮渐暗过渡，不惊吓鸡群，还使灯泡使用时间延长。

（五）消毒设备

1. 火焰消毒

主要用于鸡群淘汰后喷烧舍内笼网和墙壁上的羽毛、鸡粪等残存物，以烧死附着的病原微生物，尤其是鸡羽毛上的马立克病毒。火焰消毒由手压式喷雾器、输油管、喷火器、火焰喷嘴等组成，喷嘴可更换，使用的燃油是煤油或柴油。工作原理是把一定压力的燃油雾化并燃烧产生喷射火焰，靠火焰高温烧灼消毒部位。这种设备结构简单，易操作，安全可靠，消毒效果好，操作过程中要注意防火，最好戴防护眼镜。

2. 自动喷雾消毒器

这种消毒器可用于鸡舍内部的大面积消毒，也可作为生产区人员和车辆的消毒设施。用于鸡舍内的固定喷雾消毒（带鸡消毒）

时，可沿每列笼上部(距笼顶不少于1米)装设水管，每隔一定距离装设一个喷头；用于车辆消毒时可在不同位置设置多个喷头，以便对车辆进行彻底的消毒。这套设备的主要零部件包括固定式水管和喷头、压缩泵、药液桶等。工作时将药液配制好，使药液桶与压缩泵接通，待药液所受压力达到预定值时，开启阀门，各路喷头即可同时喷出。

3. 高压冲洗消毒

用于房舍墙壁、地面和设备的冲洗消毒。由小车、药桶、加压泵、水管和高压枪等组成。高压喷枪的喷头通过旋转可调节水雾粒度的大小。粒度大时可形成水柱，具有很大的压力和冲力，能将笼具和墙壁上的灰尘、粪便等冲刷掉。粒度小时可形成雾状，加消毒药物则可起到消毒作用。气温高时还可用于喷雾降温。

此外还有畜禽专用气动喷雾消毒器，跟普通喷雾器的工作原理一样，人工大气加压，使消毒液雾化并以一定压力喷射出来。

(六)其　他

1. 刮粪机

刮粪机主要有减速机、刮粪板、钢丝绳组成，在鸡舍两端设有贮粪池，刮粪机来回刮粪入池。有很多鸡舍只设1个贮粪池，刮粪机只能单向刮粪，在刮粪板上设有1个装置，当向粪池方向刮粪时，刮粪板利用自身的力量落地刮粪，当反向运行时，则刮粪板抬起空行。

2. 断喙机

断喙机是一般鸡场必备设备，解决了过去人工断喙造成流血不止、工作效率低的问题。操作设备采用脚踏式和直接电动式，可根据操作人员的需要进行调节。插入电源后，待刀片热到一定程度时进行断喙。

3. 护 围

育雏初期为了防止雏鸡远离热源，在保姆伞周围设置护围，材料可选用厚纸板等；护围高 45 厘米，与保温伞边沿的距离，因育雏季节、雏龄而异，一般为 75 ~ 150 厘米，护围可大可小，通常第二天起逐渐扩大，至 6 ~ 7 天撤除。

四、内环境控制与小气候优化

肉鸡生长速度快，饲养周期短，肉鸡生存的小环境对肉鸡的生长发育、健康影响重大，鸡舍的内环境主要包括：温度、湿度、空气质量、光照、声音等方面。鸡舍的建设、鸡舍的开放程度决定了外环境对内环境的影响程度，场内设备情况、鸡舍的管理情况也对小气候的优化有很大的影响。

（一）温 度

鸡是恒温动物，在一定范围内可有效调节体温，使自身的温度稳定，在极端寒冷和炎热的条件下，调节功能难以保持体温的恒定，则会出现死亡。所以要求通过供温和降温系统给肉鸡提供适宜的环境温度，满足鸡不同阶段的要求。肉用仔鸡有 1/3 的时间需要供暖，因此，控制适宜的温度就显得特别重要，它对提高成活率和生长速度、鸡饲料利用率有极大的影响，例如雏鸡初生后体温调节能力很差，雏鸡对温度的要求为：第一至第三天 34℃ ~ 32℃，第四至第七天 32℃ ~ 30℃，第二周 28℃ ~ 26℃，第三周 25℃ ~ 23℃，以后保持在 21℃ ~ 23℃。温度变化过程应逐步进行，切忌温度骤升骤降。

育雏舍的加热设施有多种选择，比如：煤炉、暖气、火墙、电加热器、热风炉等，集约化的鸡场多采用热风炉的供暖方式。取暖尽量采取火道、燃煤热风炉、暖气，尽快废除鸡舍内火炉取暖方式，以减少呼吸道疾病的发生。降温系统主要方式为纵向通风系统配备湿帘降温系统,有的地方也使用喷雾降温系统,但在高温高湿的地区本方式不合适。夏天采用湿帘降温,纵向通风,这既净化空气,又避免了因热应激引起的体质下降诱发各种传染性疾病。

肉鸡对温度要求有两个特点:第一点是肉鸡要求有适当的温差,这样可促进食欲。造成适当温差有两种办法:一种是用保温伞,雏鸡可以在伞外和伞内自由活动,在同一时间内有温差可选;另一种是利用热风炉的情况下,可在不同的时间造成适宜的温差,每小时变动一度。第二点是降温后,舍内温度以保持在20℃左右为好。温度越低,肉鸡用来维持体温所耗的能量越大,饲料的利用率越低。

(二)湿　度

湿度大小对动物生产性能有一定影响,和温度一起发生作用。如果温度适宜,即使湿度从45%上升到95%对增重也无明显影响。在高温高湿情况下,因机体散热困难,导致肉鸡食欲下降,采食量显著减少,甚至中暑死亡。而在低温高湿时,机体散热增加,感觉寒冷,相应鸡的增重、生长发育减慢。此外,空气湿度过高,有利于病原微生物繁殖,使鸡抵抗力降低,易患皮肤病;如果过低,也会导致动物体皮肤干燥、呼吸道干燥。为了防止畜禽舍潮湿,一般在中午气温较高时,打开门窗,加强通风来排除潮气,如天气阴冷,则可在鸡舍走道或地面撒石灰等来吸收潮气。为防止过度干燥,也可喷洒水来增加湿度。

鸡舍内的湿度环境应满足其不同阶段的需求,例如育雏第一周鸡舍内保持60%~65%的湿度。因为此时雏鸡含水量大,舍内温度高,湿度过低容易造成雏鸡脱水,影响鸡的健康和生长。二周以后体重增大,呼吸量增加,应保持舍内干燥,注意通风,避免饮水器漏水,防止垫料潮湿。但一般高不宜超过75%,低不宜低于

40%，尽量避免高温高湿和低温高湿的恶劣环境出现。

（三）空气质量

鸡舍内的氨气含量应低于20毫克/立方米。二氧化碳的浓度应小于0.15%，硫化氢应小于10毫克/立方米，鸡舍内灰尘应控制在4毫克/立方米，微生物应控制在25万个/立方米以下。保证空气质量主要依靠通风，所以对通风量的要求很高。环境控制鸡舍中每小时每千克体重通风量要求3.6～4立方米，风速每秒0.2米。开放鸡舍中，在能维持舍内温度处于21℃～27℃时，尽量打开通风窗和孔，加强通风。在饲养的前两周，应当设置钟控排气扇，每小时运转10分钟，以排除鸡舍内有害气体，补充新鲜空气。

由于肉鸡饲养密度大，生长快，加强通风，保持空气新鲜是非常重要的。鸡舍通风按通风动力可分为三种：自然通风、机械通风和混合通风，依靠自然风压的作用和鸡舍内外温差的热压作用，形成空气的自然流动，使得舍内外的空气得以交换。常温季节开放式鸡舍多用自然通风，空气通过门窗进行流通。机械通风主要采用纵向通风，风机全部安装在鸡舍一端的山墙上或山墙附近的两侧墙壁上。鸡舍其他部位无门窗或门窗关闭，空气沿纵轴方向流动。纵向通风的通风量大，耗电少，噪音低，气流快，空气质量好，夏季与湿帘降温技术结合起来，降温效果更好。是目前大力推广的一种通风方式。

如何处理通风和保温的关系对中小养殖户尤为重要，他们往往过度强调保温，而忽视通风。1～2周龄可以以保温为主适当通风，第三周起要适当增加通风量和通风时间，四周后除非是冬季，否则应以通风为主，冬天，保证温度的同时尽量通风。

（四）光　照

采用弱光制度是肉鸡的一大特点。弱光可降低肉鸡的兴奋性，使鸡保持安静状态，对肉鸡的增重有益。育雏的前2～3天采用24小时光照，以使雏鸡适应环境，光照强度为20～25勒。以后光照时间一直保持每天23小时光照和1小时黑暗。夜间关灯1小时的主要目的是使雏鸡熟悉黑暗的环境，以免突然停电时造成惊恐。光照强度要逐渐降低，光线以能够看见采食和饮水即可，对开放式鸡舍，应尽力挡住光线，防止阳光直射和过强。对密闭式鸡舍，则应安装光照强弱调节器，以控制光照强度。

(五)噪 音

鸡对不熟悉的声音很敏感，噪音过大，会引起炸群，所以要减少噪音。

我国农业行业标准《NY/T 388—1999 畜禽场环境质量标准》，对畜禽场内部环境做了详细规定。对于饲养规模大于5 000只以上的鸡场，场内空气环境质量见表3-6，鸡舍生态环境质量见表3-7。

表3-6 鸡场内空气环境质量

项 目	缓冲区	场 区	雏鸡舍区	成年鸡舍区
氨气(毫克/米^3)	2	5	10	15
硫化氢(毫克/米^3)	1	2	2	10
二氧化碳(毫克/米^3)	—	380	750	1500
可吸入颗粒物(毫克/米^3)	—	—	0.5	14
总悬浮颗粒物(毫克/米^3)	—	1	2	8
恶嗅，稀释倍数	—	40	50	70

注：缓冲区：指鸡场外周围，沿场院向外≤500米范围内的畜禽保护区，该区具有保护畜禽场免受外界污染的功能。应考虑执行生产区和生活区相隔离

舍区：指畜禽所处的半封闭的生活区，即畜禽直接的生活环境区

场区：指规模化畜禽场围栏或院墙以内、舍区以外的区域

表 3-7 舍区生态环境质量

项　目	雏鸡舍	成年鸡舍
温度(℃)	21～27	10～24
湿度(%)	75	—
风速(米/秒)	0.5	0.8
光照度(勒)	50	30
细菌(个/米^3)	25000	—
噪音(分贝)	60	80
粪便含水率(%)	65～75	—

第四章 肉仔鸡无公害高效养殖的饲养管理

一、饲养方案

(一)饲养阶段的划分

根据肉仔鸡生长规律和营养需要特点,将饲养全程划分为几个阶段,各段采用不同营养水平的饲料和管理规程。由于各段鸡的营养需要和饲料配制不同,又称为料型分段。目前,快大型肉仔鸡的饲养标准有两段制和三段制两种,即将饲养全期划分为二或三个料型阶段。我国 1986 年公布的肉仔鸡饲养标准,分为 0~4 周龄和 5 周龄以上两段,以此配制成前期和后期料;美国国家研究委员会 NRC 饲养标准为 0~3 周龄、3~6 周龄和 6~8 周龄三段,由此配的料分别称为前期料、中期料和后期料,因分段细更有利于保证肉鸡合理的营养,饲养效果优于二段制,已在国内广泛采用。

优质型肉鸡的阶段划分不同于快大型肉鸡。其饲养期长,一般分前期为 0~6 周龄,中期为 7~10 周龄,后期为 11~15 周龄。

(二)饲养方式的选择

1. 平面饲养

(1)弹性塑料网上平养　弹性塑料网上平养是在用钢筋支撑的金属地板上再铺一层弹性塑料方眼网,这种网柔软有弹性,可减少腿病与胸囊肿,鸡粪落入网底,减少了消化道疾病的再感染,特别对球虫病的控制有显著效果。因此,比厚垫料地面平养的成活率和增重要高。缺点是占地面积大,需要钢材多。目前应用比较多的是利用毛竹片或木条制成条缝板来饲养肉用仔鸡。

(2)厚垫料平养　厚垫料平养肉用仔鸡是最普遍采用的一种形式,可利用普通房舍或农家的杂屋,如猪栏、牛舍等,只需稍加改造就行。垫料要求干燥、松软,吸湿性强,不发霉,不应有病原菌和真菌类微生物菌落,不过长,以不超过 5 厘米为宜。可采用刨花、稻壳等,一般可在地面铺 15~20 厘米厚的垫料。肉鸡出售后将垫料与粪便一次性清除。

厚垫料平养的优点是设备简单,成本低,胸囊肿及腿病发病率低。缺点是需要大量垫料,占地面积多些,粪便污染垫料,成为传染源,易发生鸡白痢及鸡球虫病等。

2. 笼　养

笼养肉用仔鸡已广泛使用于一些养鸡场,其规格很多,大体可分为重叠式和阶梯式两种,层数有 3 层或 4 层。有些专业户或农家也可自制笼子。笼养与平养相比,饲养密度大,饲料报酬高,便于收集鸡粪喂猪,舍内清洁,鸡只不与粪便接触,能防止或减少球虫病的发生。但笼养的设备投资大,而最大缺点是胸囊肿和腿病的发生率高。近年来,改用弹性塑料网底代替原金属网底,大大减少了胸囊肿和腿病的发生。

二、饲养管理

(一)饲养前的准备工作与雏鸡的选择和装运

1. 房舍及器具的准备与消毒

房舍的面积大小应按照饲养数量最多时为准。育雏用的房舍比其他的畜禽舍要求严格,寒冷季节应力求保温良好,还要能够适当调节空气;炎热季节能通风透气,便于育雏舍内温度、湿度的调节。此外,育雏舍要经常保持干燥,不过于亮,布局应合理,方便饲养人员的操作和防疫工作。因此,育雏前要选择好育雏室,对旧育雏室要进行认真检修,然后彻底打扫干净,准备消毒。育雏舍内采用的加温设备或专用育雏器,事先要检查修理好,使之能正常使用不发生故障。育雏用具如料槽、饮水器等也要进行认真检修,不能有损坏。食槽、水槽的数量要备足,力求每只鸡都能同时吃食,且尚有空位,饮水器周围应不见拥挤;食槽、水槽的结构要合理,料槽要有回檐,以减少因雏鸡扒损饲料而造成的浪费。水槽应不漏水且不易把雏鸡羽毛弄湿;食槽、水槽的高低、大小应适中,槽高与鸡背高度应相近,以便于雏鸡采食和饮水。

育雏舍及舍内所有的用具设备均要在雏鸡进舍前进行彻底的清洗和消毒。料槽、饮水器等用具可用2%~3%热克辽林乳剂或1%氢氧化钠溶液(金属用具除外)消毒,而后用清水冲洗,再在日光下晒干备用。育雏室的墙壁、烟道等可用3%克辽林溶液消毒后,再用10%生石灰乳刷白。舍内及运动场的地面可用2%氢氧化钠溶液喷洒。对密闭性能好的育雏舍,最好采用熏蒸消毒,其方法是将所用的育雏用具经清洗后放入育雏舍,门窗全部封闭,每立方米空间采用15毫升福尔马林溶液,7.5克高锰酸钾进行熏蒸(按计算好的用量先加入高锰酸钾于瓦钵或搪瓷容器中,然后再加入福尔马林溶液),1~2天后打开门窗通风,换入新鲜空气后关闭待用。

2.根据不同季节来确定饲养计划

为了防止盲目生产,要制订好育雏计划。育雏计划应包括育雏时间、每批雏鸡的品种和数量、雏鸡的来源与饲养目的、饲料和垫料的数量、免疫用药计划和预期达到的育雏成绩等。

春秋两季气温适宜,雏鸡生长发育快,体质健壮,成活率高,这时每平方米可以相对增加饲养数量。夏季,气温较高,为了防止通风不良及雏鸡死亡,可以相对减少饲养数量。冬季环境较冷,日照时间短，提高了育雏成本（饲料与垫料数量增多，某些疾病发生率高，保暖设备需求等），养殖单位应根据自己的经济实力来确定饲养数量。

3. 饲料、垫料、药品等的准备

育雏前必须按雏鸡的饲养标准拟订的日粮配方，预先配好饲料，其量可按每只鸡4~5千克混合料计算。地面平养时还要准备足够干燥、松软、不霉烂、吸水性强、清洁的垫料。育雏前还要适当准备一些常用药品，如消毒药类、抗白痢、球虫病的药物，防疫用的疫苗等。

4. 预热试温

无论采用何种育雏方式，在育雏前2~3天都要做好育雏舍和育雏器的预热试温工作，使其达到标准要求，并检查能否恒温，以便及时调整。如用烟道或煤炉供温，还应注意检查排烟及防火安全情况，严防倒烟、漏烟或火灾。

5. 饲养人员的配备

育雏工作是一项艰苦而细致的工作，作为育雏人员必须有高度的责任心和事业心，要经过专门的技术培训，掌握一定的育雏技术。养鸡专业户也同样需要学习科学养鸡知识，在多次养鸡实践中不断积累育雏经验，争取把小鸡养得更好。

6. 雏鸡的选择和装运

选择目的是提高育雏效果，便于按大小、强弱实行分群饲养或淘汰病、弱雏，提高饲料报酬。选择的方法可通过“一听、二摸、三看”等步骤进行。

一听，就是听雏鸡的叫声。壮雏叫声洪亮清脆；弱雏叫声微弱、嘶哑，或鸣叫不休、有气无力。

二摸，就是摸雏鸡的膘情、体温等。手握雏鸡感到温暖、有膘，体态匀称，有弹性，挣扎有力的是壮雏；弱雏手感身凉、瘦小、轻飘，挣扎无力。

三看，就是看雏鸡的精神状态。壮雏一般活泼好动，眼大有神，羽毛整洁光亮，腹部柔软，卵黄吸收良好；弱雏一般是缩头闭眼，羽毛蓬乱不洁，腹大、松弛，脐口愈合不良、带血等。

此外，雏鸡弱强鉴别还应结合种鸡群的健康状况、孵化率的高低和出壳时间的迟早来进行综合考虑。来源于高产健康的种鸡群的、孵化率比较高的、正常出壳时间里出壳的雏鸡质量比较好；来源于患病鸡群的、孵化率较低、过早或过迟出壳的雏鸡质量较差。初生雏鸡的分级标准可参见表4-1。

表4-1 初生雏鸡分级标准

级 别	精神状态	活 力	腹 部	绒 毛	脐 部	两 肢	畸形	脱水	体 重
壮 雏	活泼健壮，眼大有神	挣扎有力	大小适中，平整柔软	长短适中，毛色符合本品种标准	收缩良好	两肢健壮，站得稳	无	无	符合本品种要求
弱 雏	眼小、细长、呆立、嗜睡	软绵无力，似棉花团	过大或较小，肛门污秽	长或短、脆，色浅或深，粘污	收缩不良，大肚脐、潮湿	站立不稳，喜卧，行动蹒跚	无	有	过小或符合本品种要求
残次雏	不睁眼或单眼、瞎眼	无	过大、软或硬，青色	火烧毛、卷毛、无色	蛋黄吸收不完全、血脐、疔脐	弯趾，跛腿，站不起	有	严重	过小、干瘪

7. 装 运

(1)掌握适宜的运雏时间　初生雏鸡体内还有少量未被利用的蛋黄，可以作为初生阶段的营养来源，故初生雏鸡在48小时或稍长的一段时间内可以不饲喂进行运输。但从保证雏鸡的健康和正常生长发育考虑，适宜的运输时间应在雏鸡绒毛干燥后，至出壳48小时（最好不要超过36小时）前进行。另外，还应根据季节确定启运的时间。一般说，冬季和早春运雏应选择在中午前后气温相对较高的时间启运；夏季运雏则宜选择在日出前或日落后的早、晚进行。

(2)准备好运雏用具　运雏用具包括交通工具、装雏箱及防雨、保温用品等。交通工具（车、船、飞机等）视路途远近、天气情况和雏鸡数量灵活选择，但不论采用什么交通工具，运输过程中要求做到稳而快。装雏工具最好采用专用雏鸡箱（目前一般孵化场都有供应），箱长为50～60厘米，宽40～50厘米，高18厘米，箱子四周有直径2厘米左右的通气孔若干。箱内分4个小格，每个小格放25只雏鸡，每箱共放100只左右。没有专用的雏鸡箱的，也可采用厚纸箱、木箱或筐子代用，但都要留有一定数量的通气孔。冬季和早春运雏要带防寒用品，如棉被、毛毯等。夏季运雏要带遮阳防雨用具。所有运雏用具或物品在装运雏鸡前，均要进行严格消毒。

(3)装运雏人员的配备　运雏人员必须具备一定的专业知识和运雏经验，还要求有较强的责任心。养鸡专业户最好亲自押运雏鸡。

(4)运输过程中注意保温与通气相结合　雏鸡运输过程中，保温与通气是一对矛盾。只注意保温，不注意通风换气，使雏鸡受闷、缺氧，严重的会导致窒息死亡；只注意通气，忽视保温，雏鸡会受风着凉，容易感冒，容易诱发雏鸡白痢病，成活率下降。因此，装车时要注意将雏鸡箱错开安排，箱周围要留有通风空隙，重叠高度不能过高。气温低时要加盖保温用品，但要注意不能盖得过严。装车后要立即启运，运输过程中应尽量避免长时间停车。运输人员要经常检查雏鸡的动态，一般每隔0.5～1小时观察1次。如见雏鸡张嘴抬头、绒毛潮湿，说明温度太高，要注意掀盖、如见雏鸡拥挤一起，吱吱地叫，说明温度偏低，要加盖保温。要及时将雏鸡堆搂开，因温度低或车子震动的影响，雏鸡会出现扎堆，每次检查时用手轻轻地把雏堆搂散。另外，运输过程中，特别是长时间停车时，最好要经常将各雏鸡箱左右、上下进行调换，以防深层雏鸡受闷。

(二)雏鸡的生理特点

1. 消化能力弱

雏鸡消化道较短、容积小、食物在消化道内停留时间短。雏鸡肌胃研磨粒状饲料的能力差，同时消化腺分泌消化液的量少、消化酶的活性低，限制了雏鸡对饲料的消化和吸收利用效果。因此，在雏鸡的饲料调制和饲喂方法上都应考虑雏鸡的特殊要求。

2. 抗病力差

雏鸡的免疫系统功能低下，对病原微生物的抵御能力差，应根据雏鸡可能发生且易于全群传播的疾病，制定相应的卫生防疫措施。

3. 体温调节功能不完善

初生雏鸡的神经和内分泌系统功能不完善，对体温的调节能力差，初生雏鸡的体温比成年鸡低2℃～3℃，3日龄后逐渐上升，3周龄后体温调节功能才趋于完善。育雏温度的高低直接影响到雏鸡的体温。雏鸡绒毛保温性能不良，皮薄且皮下脂肪少，体温降低时，生理功能失常，有损于雏鸡的生长发育和健康。

4. 雏鸡生长快、代谢旺盛

雏鸡正常饲养条件下，2周龄、4周龄和6周龄时的体重分别为出壳时体重的3.5倍、7.4倍和12倍。增重快则要求营养要完全，饲料采食量要充足。

5. 敏感性强

当饲料中某种营养素缺乏或营养不平衡、饲料毒素或抗营养成分含量偏高、药物混合不均匀等情况出现,雏鸡容易表现出病态反应。环境条件的突然变化也容易造成雏鸡的应激。

6. 胆小易受惊、缺乏自卫能力

雏鸡胆小,突然的异常声响、陌生人或动物的进入都会造成惊群。3 周龄以前的雏鸡易受鼠类及其他动物的伤害,饲养人员加料饲喂时也不知避让,易发生压伤踩死的情况。

7. 群居性强

雏鸡喜群聚,离群时会不停地鸣叫、奔跑,应防止远离雏群或圈舍。

(三)育雏环境的标准及控制

育雏环境(指鸡生活的小气候环境)主要包括温度、湿度、光照、空气质量以及虫害、鼠害等。

1. 温度标准及控制

经验证明,20 日龄以后,肉用仔鸡在 16℃ ~ 21℃生长最好,26℃左右饲料转化率最高,不同日龄肉仔鸡的适宜温度见表 4-2。

表 4-2　不同日龄肉仔鸡的适宜温度

日　龄	1 ~ 3	4 ~ 7	8 ~ 14	15 ~ 21	22 ~ 28	29 ~ 35	36 以上
温度(℃)	34 ~ 32	32 ~ 30	30 ~ 27	27 ~ 25	25 ~ 20	25 ~ 15	25 ~ 15

在适宜的温度范围内,主要依靠调节散热量来维持体温恒定,而且肉仔鸡生长快、饲料利用率高,健康状况好。为了达到肉仔鸡的适宜生长温度,可采取以下措施进行调控。

(1)鸡舍的类型选择　根据当地的气候条件、建造费用等实际因素来选择采用何种鸡舍。

(2)鸡舍的保温与隔热　包括屋顶、墙壁、门窗的材料选择,通常设天棚、加保温层来大大减少通过屋顶散失的热量。墙壁的失热仅次于屋顶,应选用导热能力差的材料,比如空心砖、多孔砖等。

在门窗设计上，通常在保证通风、采光的前提下，可减少门窗面积或采用保温材料，如保温透明塑料板，通常屋顶涂上石灰等白色涂料，减少阳光的照射热。

(3)合理利用供热及降温设备　主要是夏、冬两季，鸡舍在冬天可采用火炉、火炕、暖气、红外线等取暖设备进行取暖，夏天可采用喷雾、洒水、湿帘通风、风扇调节等措施来进行降温。房舍周围种植高大的阔叶乔木，以减少辐射热。

2.湿度的标准及控制

肉仔鸡舍在一般条件下，相对湿度60%～65%最好，40%～72%是鸡的适宜湿度，85%以上对鸡有不良影响，35%以下会影响粘膜和皮肤的防卫能力，易引起呼吸道疾病，还会使鸡的羽毛生长不良。

(1)影响舍内相对湿度的因素　主要包括舍外空气的水汽含量、禽舍的通风管理、家禽通过呼吸及粪便排出的水、地面水分的蒸发、供水系统中水的蒸发及泄漏、喷水降温及喷雾消毒喷洒的水量、空气通过湿帘吸收的水分等。

(2)控制湿度的措施　在家禽生产实践中，育雏前期可能会出现舍内相对湿度不足，其他情况下相对湿度偏高。作为控制湿度的措施，可以从以下几方面考虑：禽场应建在地势高燥的地方、舍内地面应比舍外高30厘米左右，并在必要时进行防潮处理，禽舍应充分干燥后才能使用；减少供水系统的漏水，严格控制舍内的洒水量，经常清粪或更换潮湿的垫料；保持舍内良好的通风。在雏禽生产中(尤其是采用地下火道供温)可结合喷雾消毒进行增湿。

3.光照的标准及控制

光照包括两方面内容：光照时间长短与光照强度。初生雏生理发育不完善，视力较弱，采食能力差，消化功能和自身调节功能不健全，开始育雏前几天应给以时间较长、强度较大的光照，一般为20～23小时、20勒，以便让雏鸡尽早饮水和开食，随着日龄的增长,可减少光照时间和光照强度。

(1)建议采用下面两种光照制度　恒定长光照:在每天24小时的明暗周期中,连续照明时间在14小时以上。间歇光照:指在一个24小时的光照周期中,有两个或两个以上明暗周期的光照方案,多用于在密闭禽舍内饲养的肉用禽。例如,肉鸡生产中采用1L:3D(照明1小时、黑暗3小时)作为4小时明暗周期,在1小时照明期间让鸡采食、饮水、活动,然后休息3小时。这种方案,可提高肉鸡增重和饲料效率,也有助于减少胸囊肿的发生。在有窗鸡舍内,也有采用白天持续光照、夜间间歇照明的,其生产效果低于长光照(23小时光照、1小时黑暗)。光照强度随日龄增长,其强度可以减少到5勒。

(2)光照的控制　密闭式禽舍的光照时间无论对于恒定长光照制度还是间歇光照制度都易于控制,有窗鸡舍则需要精心调控,由于雏鸡所需要的光照时间一般比自然光照时间长,采用恒定长光照对光照时间控制较容易,可以应用人工光照补足照明时间,补光的方法有的是在早晨,有的是在傍晚,也可从早、晚两头补充,若采用间歇光照制度较麻烦一些,可采用白天持续光照,晚上间歇光照的办法。

(3)光照强度的控制　光照强度在养鸡业中通常指鸡舍内的明暗程度,它与光源发光强度,光通量等有关,是被照物体所获得的光通量与光照面积之比,也称作照度。照度的单位用Lx表示,指1流明(1米)的光通量均匀照射在1平方米面积上所产生的照度,光照强度可用测光仪测定。鸡舍内的光照强度可通过灯泡瓦数、灯高、灯距粗略计算,一般0.37平方米面积上用1瓦灯泡或每平方米用2.7瓦的灯泡,可达到10.76勒的照度,一般灯泡的高度为2~2.4米,灯泡之间距离一般应为灯泡高度的1.5倍,多使用25瓦或40瓦灯泡。

在采用自然光照的情况下,不仅天气情况、窗外树木高低、窗户的大小、数量和位置、舍内设备、舍内不同区位会影响舍内特定区位的光照强度,而且窗户有无玻璃、玻璃的清洁度也有影响。窗户玻璃较脏时舍内照度约减弱 1/2,用塑料薄膜的透光效果与较脏的玻璃相似。屋顶开设天窗或设置透光带,将会明显改善禽舍中部的采光效果。在南侧窗户玻璃上涂抹颜料,可以减少舍内靠南侧部位的光照强度。在采用人工光照的情况下,灯泡均匀布置,是保证舍内各处光照强度的前提,尤其是在平养方式的禽舍内。但是在笼养鸡舍内,不同层次的光照强度则存在明显差异(表 4-3);对于迭层式鸡笼,各层的光照强度差异会更大,必须多层次安装灯泡。

表 4-3 鸡笼层次与光照强度的关系

试验次数	不同层次的光照强度(勒)		
	上 层	中 层	下 层
1	37	25	17
2	7.5	5.0	3.3
3	1.5	1.0	0.7
4	0.3	0.2	0.1

采用人工照明时,光源不同所获得的照度也不一样,同样功率的荧光灯所产生的照度是白炽灯的 3～4 倍。但是荧光灯投资较大,而且在低温条件下光效率下降。使用白炽伞型灯罩,可通过反光而使照度增加 50%,若灯泡太脏则可能会使照度下降 30%～50%。

4.空气质量的标准及控制

鸡舍内由于鸡的呼吸、排泄以及粪便、饲料等有机物的分解,使空气原有成分的比例发生变化,同时增加了氨、硫化氢、甲烷、羟基硫醇、粪臭等有害气体、灰尘、微生物和水汽含量,鸡舍中氨浓度的卫生标准为 20 毫克/立方米以下,硫化氢浓度不能超过 10 毫克/立方米。根据生产实践经验,对于肉仔鸡舍要保持良好的空气质量,换气量和气流速度应分别达到,冬季 0.7~1 立方米/小时/千克、0.2~0.3 米/秒,春、秋季 1.5~2.5 立方米/小时/千克、0.3~0.4 米/秒,夏季 5.0 立方米/小时/千克、0.6~0.8 米/秒。

鸡舍的通风,根据动力的不同,可分为自然通风和机械通风两种方式。

(1)自然通风　依靠窗户和进风口、排风口来进行。在有窗鸡舍和棚舍内可以充分利用这一方式,但自然通风的效果往往受舍外自然风力的大小、门窗的设置和状态、房舍的朝向与中跨度、饲养方式(笼养、平养)等的影响,生产中可根据具体情况具体对待。

①舍外自然风力的大小　舍内气流速度的快慢或通风大小与舍外自然风速的高低呈正相关。

②门窗的设置与状态　门窗的大小、数量、安装位置,决定舍内气流速度、气流分布和方向。门窗是开启或是关闭对其影响更显著。

③房舍的朝向与跨度　当房舍的主要门窗面对风向时,则舍内气流速度较快。房舍跨度较小时,其气流分布较为均匀、通风换气效果较好,若房舍跨度大于 6 米,则不能完全依靠自然通风来很好地调节舍内小气候。房舍高度低时,也会影响自然通风的效果。

④饲养方式　笼养鸡舍内气流经过时会受阻,自然通风的效果不如平养。

(2)机械通风　依靠风机进行的强制性通风。一般使用轴流式风机,根据风机和气流速度的不同,可分为正压通风与负压通风。正压通风是利用风机向舍内送风,使舍内气压高于舍外气压,舍内的空气通过门窗、缝隙向舍外扩散,而舍外空气则通过进风口、门窗进入舍内,从而达到通风换气的目的。负压通风根据气流在舍内的流动方式分为横向负压通风(图 4-1)和纵向负压通风(图 4-2)两种形式。横向通风下气流的方向与禽舍纵轴的方向垂直,纵向通风下气流的方向与禽舍纵轴的方向平行，在相同风向流量的情况下，横向通风方式的气流速度会明显低于纵向通风方式，舍内气流分布的均匀性也不及后者。

图 4-1　横向负压通风三种方式

(a)屋顶排风　(b)侧墙排风　(c)贯穿式排风

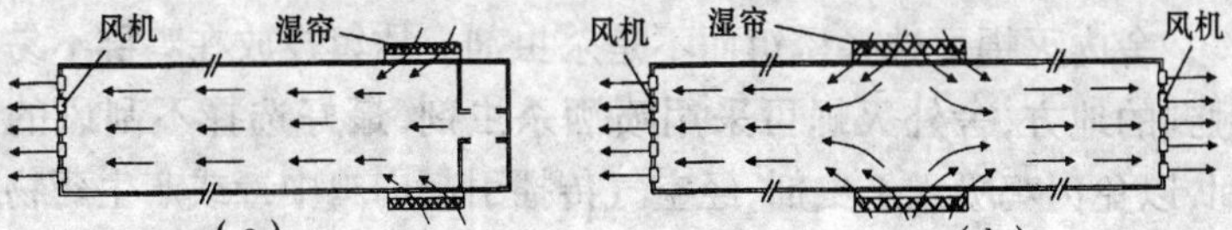

图 4-2　纵向通风湿帘降温系统示意图　(杨全明)

要保持良好的空气质量，除合理安排禽舍通风外，还应注意及时清理粪便、保持舍内干燥，定期更换垫料以及减少舍内的粉尘。平衡日粮中添加复合酶制剂，可有效降低粪便中营养成分含量，添加滑石粉或木炭渣，可降低粪便含水量和粪便臭味，添加丝兰提取物和微生态制剂可减少氨气的生成。

5. 蚊蝇及老鼠的控制

首先应提高房舍的严密性，鸡舍所有开口处都应用孔径为 2 厘米的铁丝网封闭。

鸡舍周围 15 米内要铲除杂草，地面都要进行平整和清理，设立“开阔地”，不种蔬菜、谷物以杜绝鼠和昆虫入侵鸡舍，如滋生杂草要经常铲除，场区周围减少积水，粪便堆积后及时进行一定处理等。以防止蚊虫孳生，疾病传播。

场区内不得堆放任何设备、建筑材料、垃圾等，防止野生动物和鼠类繁衍。因为鼠类容易传播疾病和污染饲料，据美国试验统计表明,一颗鼠粪含沙门氏菌可达25万个。沙门氏菌对人和动物有致病力,在动物体内繁殖后产生内毒素,内毒素对肠道产生刺激作用,引起肠道粘膜肿胀、渗出和坏死,引起严重的胃肠道炎症。老鼠本身并不发病,但是会带来很多病菌感染鸡群。所以,要注意防鼠患,特别是饲料仓库,要注意灭鼠。

另外,可定期使用灭蚊蝇及老鼠药物(注意不伤害鸡群)或器具,灭蚊蝇和灭鼠应选择符合农药管理条例规定的菊酯类杀虫剂和抗凝血类杀鼠剂等高效低毒药物。但是,也要注意不要使药物污染饲料,如果灭鼠灭蝇药混到鸡饲料里,对鸡群是一大危害。

舍内灭蝇可选择诱饵而不是杀虫剂。诱饵投放在鸡群不易接触到的地方,舍外灭蝇可采用喷洒杀虫剂,最好选择不刮风的时间,以免肉鸡吸入杀虫剂,经空气传播引起肉鸡中毒或产生药物蓄积。死鼠和死蝇处理要符合GB 16548畜禽病害肉尸及其产品无害化处理规程处理标准的要求。

(四)肉仔鸡的饲养管理

1. 肉仔鸡的饲养

(1)饮水和开食　雏鸡入舍后首先供给水质良好、清洁的饮水,以防止脱水。在水源中可加入3×10^{-6}有效氯的氯化物消毒剂,可以有效抑制大肠杆菌的生存。水中增加5%~8%葡萄糖以补充能量。另外,可在饮水中加入维生素、电解质和药物等,以增强鸡体的抗病力。一般每100只鸡配10~12个钟型饮水器,若用水槽,每只鸡至少应有2.5厘米的直线饮水位置,乳头饮水器的配备可按照10~15只鸡1个乳头。雏鸡开食料可用玉米屑、小米、碎米等,也可直接用湿料的配合料开食。开食时间为出壳12~24小时进行,开食料可放在料盘,厚纸或塑料膜上,让鸡自由啄食。

(2)饮水管理　采用自由饮水,确保饮水器不漏水,防止垫料和饲料霉变,饮水器要求每天清洗、消毒,最好是采用封闭式饮水系统。

(3)料型 喂养肉用仔鸡比较理想的料型是前期(0~2周龄)使用破碎料,中后期(2周龄后)使用颗粒料。破碎料与颗粒料的适口性好,营养全面,可促进鸡只采食,减少饲料浪费,并提高饲料转化率,粉料的饲喂效果较差。

肉仔鸡可自由采食或定期饲喂,采用自由采食的方式,应本着少给、勤添的原则,适当增加饲喂次数,既可以刺激鸡的食欲,又可尽量保持饲料新鲜,防止饲料发霉,减少浪费,可每间隔2~4小时饲喂1次;另外饲喂次数的多少也与鸡的日龄、喂料方式、料型和器具类型等有关。

(4)公、母分饲 由于公、母鸡的生理特点不同,为了提高经济效益,可进行公、母分饲。公、母鸡对蛋白质的需求量前两周相同,从3周龄开始,公鸡对蛋白质需求量明显高于母鸡。公、母鸡沉积脂肪的能力不同,公鸡沉积脂肪能力差,能有效地利用高蛋白质和赖氨酸,大部分转化为体蛋白而快速增重,饲料利用率高。母鸡采食多余的蛋白质在体内转化为脂肪而沉积,饲料利用率较低。因此,公鸡日粮的蛋白质水平可比母鸡提高2%~4%,如添加赖氨酸可进一步提高饲料利用率。但母鸡日粮的蛋白质水平不宜超过21%~23%,以免造成浪费。

羽毛生长速度不同。公鸡长羽慢,母鸡长羽快。因此,公鸡的育雏温度要比母鸡高1℃~2℃。

生长速度及其转折点不同。公鸡生长速度快,母鸡生长速度慢,一般8周龄时公鸡要比母鸡重25%~30%。因此,公鸡的饲养密度要低于母鸡。母鸡在7周龄以后,其增重速度相对下降,饲料消耗增加,这时便可以出售。而公鸡到9周龄以后生长速度才降低,因此,公鸡可比母鸡晚出售2周,以充分发挥公鸡的生长潜力。

(5)饲料质量 饲料新鲜,防止发霉变质,防止毒素积累,发霉的饲料要进行高温堆肥处理。饲料中根据需要可以拌入多种维生素类添加剂。如需添加药物,必须符合规定。肉鸡生产末期的饲料内不应含药物,强调上市前最少 7 天饲喂不含任何药物及药物添加剂的饲料。

2. 肉仔鸡的管理

(1)采用全进全出制　全进全出制是指在同一鸡场同一时间内饲养同一日龄的鸡,采用统一的料号,统一的免疫接种程序和技术管理措施,并且在同一天出场,这样有利于鸡场的彻底打扫、消毒,为饲养下一批鸡做准备,提高饲养的经济效益。

(2)严格防疫管理　肉用仔鸡由于大群高密度饲养,易受细菌、病毒及寄生虫等侵害,造成各种疫病流行,给肉用仔鸡的饲养带来严重危害。为了有效地控制疫病的发生,有必要采取正确的消毒、药物预防及免疫措施。

(3)控制适宜温度　雏鸡入舍后要求严格控制温度,最初的 1~3 天达到 34℃~35℃,以后逐渐降低育雏温度。重点抓好前 3 周龄温度管理,防止低温或大幅度降温,育雏温度不低于 27℃。4~5 周龄为脱温过渡期,每周下降 3℃左右,5 周龄后脱温饲养,保持 20℃左右为宜,过低或过高,都对生长和饲料利用率造成影响。

(4)控制适宜湿度　育雏要求相对湿度为 60%~70%,一开始相对湿度要求高一些,后来慢慢下降。因此,在饲养后期可采取一些降低湿度的措施,如减少洒水,勤换过湿垫料,加大通风量,网上饲养时及时清除粪便等。

(5)控制适宜光照　根据养殖当地的气候条件以及禽舍的建筑特点可采用相应的光照制度,对于肉用仔鸡目前只有两种光照制度比较适宜,连续光照制度和间歇光照制度。具体方案可参考表 4-4。

表 4-4 两种光照制度比较表

类 别	光 照 时 间	光 照 强 度
连续光照制度	前 2 天连续 48 小时光照,以后每天 23 小时光照,1 小时黑暗	育雏第一周 4~5 瓦/平方米,第二周降为 3 瓦/平方米,第三周为 2 瓦/平方米
间歇光照制度	1 小时光照、3 小时黑暗或白天全天光照,夜间 1 小时光照,3 小时黑暗时间	育雏第一周 4~5 瓦/平方米,第二周降为 3 瓦/平方米,第三周为 2 瓦/平方米

(6)加强通风换气　利用良好的通风换气设备进行机械通风并与自然通风相结合,使舍内氨气浓度不超过 20 毫克/立方米,硫化氢不超过 10 毫克/立方米,二氧化碳不宜超过 0.25%,可按照下列标准来掌握:人进入舍内时无明显臭气,无刺鼻、涩眼之感,不觉胸闷、憋气、呛人为适宜。

(7)保持适宜密度　本着饲养者提高经济效益的原则,并依据生产实践经验,可根据鸡的日龄、管理方式、通风条件和外界温度的不同确定如下的适宜饲养密度。对于地面垫料饲养,可随日龄增大降低饲养密度,一般 1 周龄时 40 只/平方米左右,以后每周饲养密度相应减少,到 7~8 周龄时,可达到 10 只/平方米。板条或网上平养可比垫料平养密度增加 20%左右。外界温度高时,密度可相应减少,外界温度低时,饲养密度可相应增加。

(8)加强严冬与盛夏的管理　盛夏天气炎热,饲料采食量常常不足,影响生长,这时候可以采取防暑降温的一些措施,并适当增加饲料中蛋白质的含量,以满足其生长的需要,并且饲料要新鲜,现拌现喂,少喂勤添。同时,做好环境卫生工作,特别是食槽、水槽要经常刷洗,定期消毒。严冬季节气温低,鸡的食欲旺盛,这时可以适当减少饲料中蛋白质含量;并做好保温工作,协调好保温与通风矛盾。冬季还是鸡的呼吸道、消化道疾病多发季节,应注意防治。

(9)减少残次品　防止和减少胸囊肿、挫伤、骨折与软腿等是提高胴体合格率的重要途径。肉鸡体重大,易出现腿部、关节疾病,应注意预防。另外,应使用松软、卫生的垫料,质量合格的网架,饲喂维生素、矿物质等营养物质含量合格的饲料,这对防止上述疾病有很大的作用。据调查,50%左右的肉鸡胴体质量下降是碰伤造成的,而80%是在肉鸡未到屠宰场之前,即出场后发生的。因此,肉鸡出场时,应尽可能防止碰伤,这对保证肉鸡商品合格率尤为重要。

(10)做好日常检查和记录　每天注意检查鸡群状况,根据鸡的精神状态和采食量来判断鸡群是否正常。及时将鸡舍内发病鸡挑出、隔离,对死鸡进行剖检、分析,然后进行无害化处理(深埋或焚烧等),并根据鸡的抗体水平来制定免疫计划。建立生产记录档案,包括进雏日期、进雏数量、雏鸡来源、饲养员。每天的生产记录包括:日期、肉鸡日龄、死亡数、死亡原因、存栏数、温度、湿度、免疫记录、消毒记录、用药记录,喂料量、鸡群健康情况、出售日期、数量和购买单位,记录应保存两年以上。

(11)肉鸡出栏的适时控制　肉鸡出栏最好在晚间或凌晨进行。肉鸡出栏前6~8小时停喂饲料,但可以自由饮水。肉鸡出售前要做产地检疫,按GB 16549标准进行,包括鸡群的群体检查和个体检查。群体检查以静态时的精神状态、外貌、呼吸、吞咽等时的反应状态为内容。合格肉鸡可以上市,不合格肉鸡或检出传染病时,按GB 16548处理。要求运鸡的车辆应洁净,无鸡粪和化学品遗弃物。

3. 优质肉用仔鸡的饲养与管理

优质肉鸡生产与快大型肉用仔鸡生产不同。快大型肉鸡主要追求生长速度,而优质肉鸡特别重视肉质与外观,即要求上市时冠红、面红、毛黄麻、皮黄、脚黄。

一是优质肉鸡的营养标准多数采用育种单位推介的营养水平。一般来说,优质肉鸡的营养需要在大型肉鸡的基础上适当降低,蛋白质降低4%～6%,能量降低2%～3%,氨基酸、微量元素水平与蛋白质同步降低。

二是饲养方式可采取笼养、网上平养和地面平养。

三是优质肉用仔鸡的育雏期时间较长,要合理安排饲养。

四是优质黄羽肉鸡蛋重小,雏鸡的出生重小,需要较高的育雏温度,比一般育雏要求高1℃～2℃。

五是免疫不可忽视,由于饲养时间较一般快大鸡长,免疫程序一般较快大型鸡复杂,应根据实际情况制定免疫程序,按免疫程序进行免疫。

六是公、母分开饲养。由于优质肉用仔鸡的饲养时间长,二者的营养要求不同,上市日龄和体重要求不同,故与快大型肉鸡饲养相比,优质肉鸡公、母应分开饲养。

第五章　肉鸡无公害高效养殖的营养与饲料

一、肉鸡的营养需要与饲养标准

（一）维持需要

肉鸡的营养需要分为维持需要和生产需要两部分。肉鸡的维持需要是指肉鸡不生产产品，保持体重不变，体内的营养物质和成分保持恒定，其分解代谢和合成代谢处于零平衡状态下的营养需要。实际上，处于维持状态下的肉鸡，其体组织和成分并不是一成不变的，而是依然处于不断更新的动态平衡中。所以，处于维持状态的肉鸡也需要按日补充能量和各种营养物质，以维持其正常的生命活动。在维持状态下，鸡摄入的营养物质不是用于生产鸡肉，而是用于维持本身的正常生理活动，如维持体温、保持心跳、呼吸系统、消化系统的正常工作和新陈代谢过程中的生化反应以及蛋白质组织的更新修补等。研究肉鸡的维持需要具有重要意义，如果不能满足肉鸡的维持营养需要，它就会动用体内的养分，造成体重减轻，体质下降甚至死亡；如果供给肉鸡的营养超过它的维持需要，则剩余的养分就可用于肉鸡长肉。在实际饲养过程中，我们通常尽量降低肉鸡的维持需要，增加它的生产需要，从而提高生产效率和经济效益。

对于肉鸡来讲，影响各种营养物质维持需要的因素很多，主要包括环境温度、活动量、生理状态、饮水以及饲养、饲料等。

1. 环境温度

超出临界温度的环境温度都会加快基础代谢。环境温度低于临界温度时,肉鸡会因基础代谢和维持体温产热增加,而使维持需要增加。一般每下降 1℃,维持需要的代谢能相应增加 1.4%;当环境温度高出临界温度时,动物为了排出过多热量而加快呼吸与循环,维持需要也增加,肉鸡在等热区时维持水平最低。所以饲养肉鸡应保持理想的环境温度。

2. 活动量

由于维持状态下的能量需要量为基础代谢和自由活动产热的总和。因此,自由活动量越大,则用于维持的能量越多,反之则越少。所以,饲养肉鸡应适当限制其活动,以节省维持需要的消耗。

3. 生理状态

同一个体不同生理状态下维持需要不同,如生长、产蛋就不一样。年龄和体重越小的动物,单位体重或代谢体重的维持能量需要量越高,如初生雏最低产热量为每克体重每小时 23 焦,而成年鸡仅为其 1/2。生产水平越高,维持消耗越多。公鸡的维持需要要高于母鸡。

4. 饮水温度

给予肉鸡的饮水温度若低于其体温,则肉鸡将要消耗体内热能使之加温,从而增加维持消耗,因此,严寒季节给饮水适当加温,有利于降低肉鸡的维持饲料消耗。

5. 饲养和饲料

日粮种类、组成不同对肉鸡维持需要有直接的影响,其中,热损耗是一个重要的影响因素。蛋白质含量高的日粮热损耗大。饲养水平提高,生长加快或生产水平提高,使体内营养物质周转加强,维持需要增加。日粮代谢能浓度增加,维持需要也增加。

(二)能量需要

可以这样讲,鸡的一切生命活动、生长发育、生产产品都需要能量。比如,鸡的行走、鸡维持正常体温、鸡的生长等活动均在能量参与下完成的。即使鸡完全处于休息状态,其呼吸、血液循环以及其他生理功能,哪怕是极微弱的,也必须随时消耗能量。而且,饲料中各种营养在鸡体内的代谢也需要能量参与。因此,能量是鸡重要的和基本的需要。

饲料中的大部分营养物质如蛋白质、脂肪及碳水化合物在鸡体内消化代谢后,都释放出能量,供鸡利用。在鸡的饲养标准中,其能量需要量通常以代谢能来表示。如:肉用仔鸡饲养标准中规定,0~4周龄代谢能需要量为12.13兆焦/千克。若饲料能量不足,将直接影响到鸡生长及生产性能的发挥,轻则导致鸡的生长及生产速度放慢,重则死亡。若能量不能满足鸡的维持需要,则动用体内贮备以满足鸡的维持需要。若长期能量供给不足,体内能量贮备耗尽后,鸡将死亡。因此,在满足鸡的各种营养需要时,首先要满足鸡的能量需要。

(三)蛋白质需要

蛋白质是机体的三大基础营养物质之一,由碳、氢、氧、氮四种基本元素组成,是由多种氨基酸构成的复杂化合物,有些蛋白质还含有硫、磷、铜等化学元素。

蛋白质是机体内提供氮的惟一来源,一般含氮量平均为16%左右。蛋白质在体内承担着许多重要功能,具有极高的营养价值。蛋白质是构成鸡体组织的基本结构物质之一,鸡体内的各个部分都含有蛋白质,如肌肉、骨骼、神经系统、皮肤、羽毛、内脏、血液等都有。在鸡各器官中,除水以外,蛋白质是含量最高的物质,如鸡毛中蛋白质含量占80%,烘干的鸡骨头中1/3是蛋白质。蛋白质的种类不同，决定了各组织器官的功能特异性，如构成体组织的主要是球蛋白；构成骨骼、羽毛的主要是硬蛋白。蛋白质还是鸡体组织更新的基础原料之一。成年鸡体内的蛋白质总量基本保持不变，但各个组织随时都在进行着蛋白质的分解与合成过程。分解了的蛋白质大部分用于再合成，一部分经代谢排出体外，这部分蛋白质就需要更新的蛋白质来补充。据测定，鸡体蛋白质总量中每天约有 0.25%～0.3%进行更新。蛋白质还是机体的重要功能物质，它是多种具有特殊生物学功能物质的主要成分。例如：催化和调节代谢过程的各种酶和激素，参与机体免疫反应的各种抗体，运输脂溶性维生素、氧等物质的蛋白等。几乎所有的基本生命现象都通过蛋白质来实现。除以上功能之外，蛋白质还是机体内的能源物质。蛋白质也是一切产品的重要组成成分，鸡蛋的干物质中58.5%是蛋白质。因蛋白质是鸡体内惟一的氮源提供者，它不能由其他物质转化和合成，其功能是其他任何物质都不能代替的。一旦出现蛋白质供给不足，成年鸡就会表现出消化功能减退，体重减轻，繁殖功能紊乱，抗病力减弱，组织器官结构异常，产蛋减少或停产，生长鸡还会出现生长严重受阻等症状。

（四）饲养标准

肉鸡的营养需要包括能量需要、蛋白质需要、矿物质需要、维生素需要四个方面。根据肉鸡的营养需要，不同国家的肉鸡和不同的品种都设立不同的饲养标准。

1. 饲养标准的含义和性质

根据大量饲养试验结果和实际生产的总结，对各种特定的动物所需要的各种营养物质的定额做出规定，这种系统的营养定额的规定称为饲养标准。上述是饲养标准的传统名称。现行饲养标准的确切含义是系统的表述经试验研究确定的特定动物（包括不同种类、性别、年龄、体重、生理状态和生产性能等）的能量和各种营养物质需要量或供给量的定额数值，经有关专家组集中审定后，定期或不定期以专题报告性的文件由有关权威机关颁布发行。饲养标准或营养需要的指标及其数值大都体现在一定形式的表格或所给出的模式计算方法中。文件同时列出大量参考文献，主要饲料营养价值及对确定需要量的原则等的扼要论述，供使用者参考或指导使用。

2. 饲养标准的局限性

饲养标准是动物饲养的准则，它能够使动物饲养者做到心中有数，不盲目饲养。但是，饲养标准并不能保证饲养者能合理养好各种动物。因为实际动物饲养中影响因素很多，而饲养标准具有广泛的普遍性的指导原则，不可能对所有影响因素面面俱到。例如，同一品种动物之间对需要和饲养的影响；千差万别的饲料原料对需要和采食的影响；不同环境条件的影响；甚至市场、经济形式变化对饲养者的影响等。这些对于在饲养标准中未考虑到的影响因素，饲养者只能结合具体情况，灵活运用饲养标准。由上可见，饲养标准规定的数值并不是在任何情况下都一成不变的，它随着饲养标准制定的条件以及外界因素的变化而变化，即使考虑了保险系数的饲养标准，也同样不是固定不变的。

（五）我国肉鸡的饲养标准

《鸡的饲养标准》经国家原农牧渔业部批准，已于 1986 年 10 月 1 日起实施，这是我国正式颁布的第一个鸡的饲养标准。其代号为 ZBB 43005—86。肉鸡的饲养标准中有代谢能、粗蛋白质、氨基酸、钙、磷、有效磷及食盐的需要量；各种维生素、微量元素及亚油酸需要量；肉鸡体重和耗料量；地方品种肉用黄鸡的代谢能、粗蛋白质需要量；地方品种肉用黄鸡的体重和耗料量(表 5-1，表 5-2，表 5-3，表 5-4，表 5-5)。

表 5-1　肉鸡的代谢能、粗蛋白质、氨基酸、钙、磷及食盐的需要量

项　目	0～4 周龄		5 周龄以上	
代谢能(兆焦/千克)	12.13		12.55	
粗蛋白质(%)	21.0		19.0	
蛋白能量比(克/兆焦)	17		15	
钙(%)	1.00		0.90	
总　磷(%)	0.65		0.65	
有效磷(%)	0.45		0.40	
食　盐(%)	0.37		0.35	
氨基酸	(%)	(克/兆焦)	(%)	(克/兆焦)
蛋氨酸	0.45	0.37	0.36	0.28
蛋氨酸+胱氨酸	0.84	0.70	0.68	0.54
赖氨酸	1.09	0.90	0.94	0.75
色氨酸	0.21	0.17	0.17	0.13
精氨酸	1.31	1.08	1.13	0.90
亮氨酸	1.22	1.01	1.11	0.88
异亮氨酸	0.73	0.60	0.66	0.52
苯丙氨酸	0.65	0.54	0.59	0.47
苯丙氨酸+酪氨酸	1.21	1.00	1.10	0.37
苏氨酸	0.73	0.60	0.60	0.55
缬氨酸	0.74	0.61	0.68	0.54
组氨酸	0.32	0.26	0.28	0.22
甘氨酸+丝氨酸	1.36	1.12	0.94	0.75

表 5-2　肉鸡的维生素、微量元素及亚油酸需要量

（每千克饲粮中含量）

营养成分	0～4周龄	5周龄以上
维生素A（国际单位）	2700	2700
维生素 D_3（国际单位）	400	400
维生素E（国际单位）	10	10
维生素K（毫克）	0.5	0.5
硫胺素（毫克）	1.8	1.8
核黄素（毫克）	5.5	3.6
泛酸（毫克）	10	10
烟酸（毫克）	27	27
吡哆醇（毫克）	3	3
生物素（毫克）	0.15	0.15
胆碱（毫克）	1300	850
叶酸（毫克）	0.55	0.55
维生素 B_{12}（毫克）	0.009	0.009
铜（毫克）	8	8
碘（毫克）	0.35	0.35
铁（毫克）	80	80
锰（毫克）	60	60
锌（毫克）	40	40
硒（毫克）	0.15	0.15
亚油酸（克）	10	10

表 5-3　肉鸡的体重和耗料量(公、母混合)　(克/只)

	周　龄	周末体重	每周耗料量	累计耗料量
一般的商品肉鸡	1	80	80	80
	2	170	160	240
	3	330	320	560
	4	540	480	1040
	5	760	560	1600
	6	990	690	2290
	7	1240	800	3090
	8	1500	910	4000
较好的商品肉鸡	1	80	80	80
	2	230	240	320
	3	430	370	690
	4	650	450	1140
	5	920	590	1730
	6	1200	740	2470
	7	1500	930	3400
	8	1800	1030	4430

表 5-4　地方品种肉用黄鸡的代谢能、粗蛋白质需要量

项　　目	0～5 周龄	6～11 周龄	12 周龄以上
代谢能(兆焦/千克)	11.72	12.13	12.55
粗蛋白质(%)	20.0	18.0	16.0
蛋白能量比(克/兆焦)	17	15	13

表 5-5　地方品种肉用黄鸡的体重和耗料量　(克/只)

周　龄	周末体重	每周耗料量	累计耗料量
1	63	42	42
2	102	84	126
3	153	133	259
4	215	182	441
5	293	252	693
6	375	301	994
7	463	336	1330
8	556	371	1701
9	654	399	2100
10	756	420	2520
11	860	434	2954
12	968	455	3409
13	1063	497	3906
14	1159	511	4417
15	1257	525	4942

肉鸡饲养标准使用说明：

1. 本标准以日粮代谢能水平为基础确定各种营养物质浓度(%/兆焦)代谢能。高于或低于此标准规定的代谢能水平时，应根据蛋白质能量比和氨基酸能量比，调整蛋白质和氨基酸所占日粮的含量(%)，其他养分也应如此

2. 肉鸡饲养标准规定的各项营养水平都较低，如能添加脂肪提高代谢能水平，并相应提高其他营养素水平，单位增重的耗料量可以减少

3. 本标准规定的维生素和微量元素为最低需要量，可以将饲料内的含量作为安全量，本规定量作为添加量。当维生素添加剂贮存过期或鸡群和饲养管理条件异常时，可酌增维生素水平。微量元素的添加量应考虑饲料本身的特点

4. 鸡生产性能的遗传性对相同营养水平的日粮有不同反应，故本标准中肉用仔鸡体重和耗料量分别为两类生产成绩

5. 在使用含盐量高的鱼粉和其他饲料时，应将他们的含盐量计算到0.37%的规定量内

(六)国外优良肉鸡饲养标准

国外著名的优良肉鸡品种主要有爱拔益加(AA 肉鸡)和艾维茵肉鸡,这里主要介绍 AA 肉鸡,其营养需要见表 5-6,表 5-7,表 5-8,表 5-9。

表 5-6　爱拔益加(AA 肉鸡)营养成分　(建议)

营养成分		育雏期(0~21 天)	中期(22~37 天)	后期(38 天至上市)
粗蛋白质(%)		23.0	20.2	18.5
代谢能(兆焦/千克)		13.0	13.2	13.4
蛋白能量比(克/兆焦)		135	158	173
粗脂肪(%)		5~7	5~7	5~7
亚油酸(%)		1	1	1
叶黄素(毫克/千克)		18	26~33	26~37
抗氧化剂(毫克/千克)		120	120	120
抗球虫药		+	+	-
矿物质(%)	钙	0.9~0.95	0.85~0.90	0.80~0.85
	可利用磷	0.45~0.47	0.42~0.45	0.38~0.43
	盐	0.30~0.45	0.30~0.45	0.30~0.45
	钠	0.18~0.22	0.18~0.22	0.18~0.22
	钾	0.70~0.90	0.70~0.90	0.70~0.90
	镁	0.06	0.06	0.06
	氯	0.20~0.30	0.20~0.30	0.20~0.30
氨基酸(%,最低量)	精氨酸	1.25	1.22	0.96
	赖氨酸	1.18	1.01	0.90
	蛋氨酸	0.47	0.45	0.38

续表 5-6

营养成分		育雏期(0～21天)	中期(22～37天)	后期(38天至上市)
氨基酸(%,最低量)	蛋氨酸+胱氨酸	0.90	0.82	0.75
	色氨酸	0.23	0.20	0.18
	苏氨酸	0.78	0.75	0.70
维生素(附加量/千克)	A(国际单位)	8800	8800	6600
	D_3(国际单位)	3300	3000	2200
	E(国际单位)	30	30	30
	K(毫克)	1.65	1.65	1.65
	硫胺素(毫克)	1.1	1.1	1.1
	核黄素(毫克)	6.6	6.6	5.5
	泛酸(毫克)	11	11	11
	烟酸(毫克)	66	66	66
	吡哆醇(毫克)	4.4	4.4	3
	叶酸(毫克)	1	1	1
	胆碱(毫克)	550	550	440
	维生素 B_{12}(毫克)	0.022	0.022	0.011
	生物素(毫克)	0.2	0.2	0.11
微量元素(附加量/千克)	锰(毫克)	100	100	100
	锌(毫克)	75	75	75
	铁(毫克)	100	100	100
	铜(毫克)	8	8	8
	碘(毫克)	0.45	0.45	0.45
	硒(毫克)	0.3	0.3	0.3

表 5-7 爱拔益加(AA 肉鸡)公母雏营养成分

营养成分	育雏料(0～21 天)		中期料(22～37 天)		后期料(38 天至上市)	
	公 雏	母 雏	公 雏	母 雏	公 雏	母 雏
粗蛋白质(%)	23.0	23.0	21.0	19.0	19.0	17.5
代谢能(兆焦/千克)	12.96	12.96	13.38	13.38	13.38	13.38
蛋白能量比(克/兆焦)	135	135	152	168	168	183
钙(%)	0.9～0.95	0.90～0.95	0.85～0.88	0.85～0.88	0.80～0.85	0.80～0.85
可利用磷(%)	0.45～0.47	0.45～0.47	0.42～0.44	0.42～0.44	0.40～0.42	0.40～0.42
赖氨酸(%)	1.25	1.25	1.10	0.95	1.00	0.90
总含硫氨基酸(%)	0.96	0.96	0.85	0.75	0.76	0.70

表 5-8 爱拔益加(AA 肉鸡)公雏喂料量及体重

周龄	体重(克)	每周增重(克)	耗料量(克/周)	累积耗料(克)	料重比(X:1)
1	170	130	144	148	0.87
2	420	250	306	454	1.08
3	770	350	509	963	1.25
4	1200	430	718	1680	1.40
5	1700	500	972	2652	1.56
6	2245	545	1209	3861	1.72
7	2800	555	1403	5264	1.88
8	3345	545	1627	6891	2.06
9	3865	520	1767	8658	2.24
10	4365	500	1993	10651	2.44

表 5-9　爱拔益加(AA 肉鸡)母雏喂料量及体重

周龄	体重(克)	每周增重(克)	耗料量(克/周)	累积耗料(克)	料重比(X:1)
1	160	120	144	144	0.88
2	390	230	288	429	1.10
3	690	300	447	876	1.27
4	1060	370	650	1526	1.44
5	1470	410	826	2352	1.60
6	1905	435	1020	3372	1.77
7	2340	435	1191	4563	1.95
8	2765	425	1326	5889	2.13
9	3155	390	1462	7351	2.33
10	3525	370	1567	8918	2.53

二、饲料的配制

(一)配合的原则

肉鸡的饲养标准划分为两阶段和三阶段两种,也有对公母分开配料的。实际生产中,我国大都为公母混养的三阶段饲养法。饲料配合的基本原则要保证配合饲料的科学性、营养性、安全性和实用性。

1. 科学性

配合饲料的科学性,首先要求我们要灵活应用饲养标准。饲养标准是在特定环境下,对一定生理阶段动物生产水平的总结,而实际生产中的条件,并不完全符合制定饲养标准时的条件。因此,配制日粮时应尽可能根据自己的具体情况,适当调整饲养标准中的数值，对饲养标准中的某些营养指标可上下浮动10%，但能量和蛋白质等其他营养素比例一定要适合饲养标准的要求。动物具有为能而食的本性，肉鸡更突出，当日粮能量浓度发生变化时，肉鸡能够通过调节采食量来调节代谢能的进食量。在设计日粮配方时，可根据原料种类和生产水平确定一个经济适宜的能量水平，然后按照饲养标准中的比例关系，调节其他营养物质的含量。

2. 营 养 性

饲料配合的营养基础是动物营养学，饲养标准则概括了动物营养学的基本内容，列出了正常条件下肉鸡对各种营养素的需要量，为配合饲料的配制提供了理论依据。动物的营养需要，要通过多种饲料的合理搭配来完成，所以饲料成分及营养价值表同样是配合饲料不可缺少的依据。同时应注意，不同地区、不同气候条件下生长的饲料原料营养价值也有差异，所以，应对所选用的饲料原料及时进行实测。肉鸡配合日粮不仅要求对单一养分的需要量，还要通过平衡各营养素之间的比例，调整各原料之间的配比关系，最终保证日粮的营养全价性。

3. 实 用 性

制作饲料配方，应使饲料组成适应不同品种、不同生理阶段肉鸡的特点，同时要考虑动物的采食量，使拟订的日粮量和动物的采食量相符合，既不能使动物吃不了，也不能使动物吃不饱。

4. 安 全 性

养鸡业成本75%来自饲料，饲料质量的好坏直接影响到养鸡水平的高低，影响最终产品的质量。可否作为无公害食品，首要的也是最关键的问题是饲料是否优质，饲料原料是否无污染、无农药残留，加工过程是否尽量不额外添加抗生素，是否杜绝使用激素，是否避免产生公害物质，这是生产绿色饲料的前提。

(二)日粮配方

饲料的配方是否科学、合理,是决定配合饲料质量和成本的关键,也是饲料工业的核心软件。在当今饲料原料种类繁多、日粮营养要求均衡全面的今天,饲料配方的设计日益重要。

1. 全价饲料配方的设计

常用的方法有试差法、交叉法、联立方程法和计算机模拟法等。目前,生产中常用的方法为试差法和计算机模拟法。使用计算机筛选配方速度快,可以考虑多种原料和多个营养指标,其最大优点是能够选择出最低成本配方。这里主要介绍试差法。

这种方法是目前国内普遍采用的方法。具体步骤为:一是根据经验确定各种原料的大致比例,然后用该比例乘以该原料所含的各种营养成分,再将各原料相同营养成分相加,即得到该配方的每种养分的总量;二是将以上结果与饲养标准进行对照,若有任一养分缺乏或不足,可通过改变相应原料的比例进行调整,直至所有指标都基本满足要求为止。以下以0~4周龄肉仔鸡日粮配方举例说明。

(1)列出饲养标准　见表5-10。

表5-10　0~4周龄肉仔鸡饲养标准　(兆焦/千克或%)

营养成分	代谢能	粗蛋白质	钙	总　磷	蛋氨酸+胱氨酸	赖氨酸
饲养标准	12.13	21.0	1.00	0.65	0.84	1.09

(2)根据经验制定配方　根据饲料成分表算出其营养成分,见表5-11。

表 5-11 试制的日粮配方和营养成分表 （兆焦/千克或%）

饲料种类	饲料比例	代谢能	粗蛋白质	钙	总磷	蛋氨酸+胱氨酸	赖氨酸
鱼粉	10.00	1.212	6.200	0.391	0.290	0.221	0.435
豆饼	10.00	1.104	4.300	0.032	0.050	0.108	0.245
花生饼	5.00	0.615	2.195	0.013	0.026	0.051	0.058
玉米	53.13	7.455	4.567	0.021	0.112	0.165	0.154
碎米	10.00	1.409	0.880	0.004	0.023	0.034	0.036
麦麸	10.00	0.723	1.540	0.014	0.048	0.048	0.047
骨粉	0.50	—	—	0.182	0.082	—	—
石粉	0.50	—	—	0.185	—	—	—
食盐	0.37	—	—	—	—	—	—
添加剂	0.50	—	—	—	—	—	—
合计	100	12.518	19.682	0.842	0.689	0.627	0.975

(3)调整饲料配方　将我们试制的配方与饲养标准进行比较可以看出，代谢能高而粗蛋白质水平低，这样可通过减少玉米，增加豆饼来调整。从营养成分表查出豆饼粗蛋白质含量为43%，而玉米粗蛋白质含量为8.6%，这样，每1%豆饼代替玉米可提高粗蛋白质含量[0.344%(0.43 ~ 0.086)] × 1%。因此增加3.832%[(0.21 ~ 0.19682) ÷ 0.344]豆饼代替玉米，就能满足粗蛋白质的饲养标准，第一次调整后的配方见表5-12。

表 5-12 第一次调整后的配方和营养成分表 （兆焦/千克或%）

饲料种类	饲料比例	代谢能	粗蛋白质	钙	总磷	蛋氨酸+胱氨酸	赖氨酸
鱼粉	10.000	1.212	6.200	0.391	0.290	0.221	0.435
豆饼	13.832	1.387	5.948	0.044	0.069	0.149	0.338
花生饼	5.000	0.615	2.195	0.013	0.026	0.051	0.058
玉米	49.298	6.922	4.240	0.020	0.104	0.153	0.143

续表 5-12

饲料种类	饲料比例	代谢能	粗蛋白质	钙	总 磷	蛋氨酸＋胱氨酸	赖氨酸
碎 米	10.00	1.409	0.880	0.004	0.023	0.034	0.036
麦 麸	10.00	0.723	1.540	0.014	0.048	0.048	0.047
骨 粉	0.50	—	—	0.182	0.082	—	—
石 粉	0.50	—	—	0.185	—	—	—
食 盐	0.37	—	—	—	—	—	—
添加剂	0.50	—	—	—	—	—	—
合 计	100	12.268	21.003	0.853	0.700	0.656	1.057

(4)平衡钙、磷,补充添加剂　从上表可以看出,日粮钙尚缺0.147%,蛋氨酸＋胱氨酸缺0.184%,可以用0.397%(0.147÷0.37×100%)石粉代替玉米满足日粮钙,另加0.184%蛋氨酸添加剂满足蛋氨酸＋胱氨酸的量,维生素和微量元素按标准添加。这样调整后的配方可基本满足饲养标准要求,见表5-13。

表 5-13　最后调整的配方和营养成分表　(兆焦/千克或%)

饲料种类	饲料比例	代谢能	粗蛋白质	钙	总 磷	蛋氨酸＋胱氨酸	赖氨酸
鱼 粉	10.000	1.212	6.200	0.391	0.290	0.221	0.435
豆 饼	13.832	1.387	5.948	0.044	0.069	0.149	0.338
花生饼	5.000	0.615	2.195	0.013	0.026	0.051	0.058
玉 米	48.901	6.87	4.206	0.002	0.103	0.152	0.142
碎 米	10.000	1.409	0.880	0.004	0.023	0.034	0.036
麦 麸	10.000	0.723	1.540	0.014	0.048	0.048	0.047
骨 粉	0.500	—	—	0.182	0.082	—	—
石 粉	0.897	—	—	0.332	—	—	—
食 盐	0.370	—	—	—	—	—	—
蛋氨酸	0.184	—	—	—	—	0.184	—

续表 5-13

饲料种类	饲料比例	代谢能	粗蛋白质	钙	总磷	蛋氨酸+胱氨酸	赖氨酸
添加剂	0.316	—	—	—	—	—	—
合　计	100	12.216	20.969	1.0	0.699	0.839	1.056

2. 浓缩饲料的配方设计

(1)设计不同全价配合饲料配方　将配方中蛋白质饲料、矿物质饲料及其他添加剂饲料在全价饲料中的百分数相加，相加后的数值可定为配方设计的系数。例如：设计一个 0～4 周龄肉鸡浓缩料配方，先列出一个全价料配方，见表 5-14。

表 5-14　全价料配方

原　料	全价料配方	浓缩料配方(38%)	40%浓缩料配方
玉　米	62.0	—	5.00
豆　粕	31.0	81.57	77.50
国产鱼粉	3.6	9.47	9.00
石　粉	0.5	1.32	1.25
骨　粉	1.6	4.22	4.00
食　盐	0.3	0.79	0.75
1%预混料	1.0	2.63	2.50

注：1%预混料是从市场上购买的

将豆粕、鱼粉、石粉、骨粉、食盐、1%预混料的百分数相加，即：31.0% + 3.6% + 0.5% + 1.6% + 0.3% + 1% = 38.0%。38.0%就是浓缩料的配制系数。用浓缩料中的各种原料的百分数除以系数 0.38，即得浓缩料配方。进一步计算出浓缩料的营养水平(主要指能量和粗蛋白质)。

(2)配制浓度一定的浓缩饲料　如上述例子中的配方设计系数提前规定好，假定为 40%，这时可根据需要，将部分能量饲料保留在浓缩饲料中。即在38%的基础上,保留2%玉米,可得40%的浓缩饲料,再用浓缩料中各种原料的百分数(应注意这时应包括玉米)除以系数0.4,即得40%浓缩料配方。

3. 精料配方的设计

目前,精料很适合广大养殖专业户使用,有必要了解、掌握其配制技术。精料中含有高蛋白质饲料、矿物质饲料及添加剂预混料,其浓度一般在3%~10%。例如:配制一个添加量为8%的肉鸡精料配方。先列出全价料配方,见表5-15。

表5-15 全价料配方

原料种类	玉米	豆粕	豆油	鱼粉	骨粉	石粉	食盐	1%预混料
配方	62.7	30	1.5	2	2	0.5	0.3	1

将配方中鱼粉、骨粉、石粉、食盐、1%预混料含量相加即:2+2+0.5+0.3+1=5.8,其余部分由玉米补充即可。然后将精料各原料的百分数除以系数8%,即可计算出精料中各种原料的比例,见表5-16。

表5-16 各种原料的比例

种类	鱼粉	骨粉	石粉	食盐	1%预混料	载体(玉米)
配方	25	25	6.3	3.8	12.5	27.4

(三)注意事项

1. 科学合理的饲料配方

科学实验证明,鸡在生长阶段,对蛋白质的需要是直线下降的。因此,饲料配方应合理,大多数养鸡场受饲料生产条件所限,实际应用的是两个配方。两种配方无论如何调制蛋白质含量的比例,总是在一段时间内,蛋白质或不能满足鸡生长发育的需要量,或超过鸡生长发育的需要量而造成蛋白质的浪费，结果是蛋白质没少用，鸡却长不好。如果家庭养鸡，自己配料，就能在原有的饲料水平上更加合理地利用蛋白质，使鸡生长发育得更好。虽说饲料配方越多越好，但事实上不大可能一天一个配方，我们建议，家庭养鸡可改成四个配方，或再多一些的配方为好。

2. 注意季节的变化

鸡每天采食量的多少，与天气变化有密切的关系。一般在冬天采食量大，因为除了维持生产与生命活动外，还要御寒。而夏天采食量小，主要是由于天气炎热，造成热应激而使食欲下降。因此，为了更合理地利用蛋白质，在配料时，就要考虑到在冬季采食量多的时候，把饲料中蛋白质的含量水平适当降低一些；在夏季采食量降低时，把饲料中的蛋白质水平适当提高一些，以保证生产的需要。

3. 注意饲料营养成分

由于自用的饲料配方是根据饲料统一成分表计算出来的，有可能配方中各种营养成分的实际比例，与设计计算的营养比例有一定的差距。也就是说，虽然按计算符合饲料标准规定，但实际可能使某种养分和代谢能偏高或偏低。饲养者应在生产中密切观察、分析实际效果，必要时应到相关部门进行营养成分分析。

4. 注意配料要均匀

配料时一定要搅拌均匀，对配方中比例较小的成分，如维生素、微量元素添加剂及预防药物等要先进行预混合处理，就是先将上述成分与少量饲料配合一下后，再与大量饲料混合，用这种逐渐扩大混合的方法来保证混合饲料的均匀。

5. 注意要适量配制饲料

在配料的过程中应根据养殖量的大小配料，不宜一次配料量过多。否则，不能保证饲料的新鲜，特别是维生素及微量元素等，放置时间过长，就会造成营养成分流失或破坏。

(四)正确使用预混料

目前,对于中小型饲料厂和广大养殖户来说,基于鉴别原料真伪的能力有限,且不具备成套的化验设备。因此,使用大型厂家的预混料既可保证产品质量,又省去到处购买添加剂的麻烦,同时能节约生产成本。但是,用户应按下列方法正确使用预混料。

1. 灵活使用推荐配方

饲料标签或产品包装袋上的推荐配方只是一种通用的配方。各地饲料种类不同,同种饲料不同产地其营养价值也有差异。因此,养殖户应根据本地区的饲料特点,选择适宜的预混料及适合本地区的最佳配方,养殖户也可以直接向预混料供应商索取适合本地饲料特点的配方,才会收到理想的应用效果。

2. 区分同类预混剂与复合预混料

预混料分为两种,一种是由同一种类的多种饲料添加剂配制而成的匀质混合物,如维生素预混料、微量元素预混剂等;另一种是由不同种类的多种饲料添加剂按配方配制的匀质混合物,简称"预混料"。注意不同类型产品的配合方法,如有些小包装的添加剂只含有微量元素与维生素,使用时必须另外添加氨基酸等。复合预混料添加剂种类齐全,成本高,用户使用方便,应用效果好。

3. 严格按规定的剂量使用预混料

预混料的添加量是预混料厂按不同种类畜禽、不同生长阶段精心设计的,特别是含钙、磷、盐及动物蛋白在内的大比例预混料,使用时必须按规定的比例添加。有些养殖户由于不了解预混料的特点,有的自认为降低饲养成本而少加或不分畜禽生长阶段使用预混料。孰不知,这样也会造成动物营养的不平衡,不仅增加了饲养成本,而且还会影响畜禽的生长发育,甚至出现中毒现象。如肉仔鸡饲料中常使用不超过 5 毫克/千克的马杜霉素铵以达到抗球虫促生长的目的,如果超量使用预混料,使日粮中马杜霉素铵浓度达到6毫克/千克,就可引起中毒。

4. 坚持使用预混料

市场经济条件下,畜禽商品市场行情不会一成不变,由于饲料成本在养殖业生产投资中占65%以上,往往生产者总是从饲料着手降低成本,因此,增加糠麸类等低质饲料和少用或不用预混料。这种做法只会使畜禽营养失衡,延长了畜禽的生长期,降低饲料的利用率,实际上增加了饲养成本。市场行情变幻莫测,一旦价格好转,由于鸡生长得慢,赶不上市场需求,就会错过大好的时机。

5. 预混料厂家的选择

选择预混料时最好选择正规生产厂家的预混料,他们的技术力量雄厚,产品质量稳定,信誉高,服务好,可以为养殖企业真正带来效益。

(五)日粮配方介绍

下面列出肉鸡典型饲料配方,供生产者参考(表5-17,表5-18,表5-19)。

表5-17 肉仔鸡饲料配方 (%)

项　目	0~3周龄	4~6周龄	7~8周龄
代谢能(兆焦/千克)	12.40	13.20	13.40
粗蛋白质	22.00	20.00	18.00
玉　米	57.63	61.63	63.33
豆粕(44%)	22.50	20.00	20.00
鱼粉(68%)	7.50	7.50	5.00
乳清粉	2.50	—	—
玉米蛋白粉	3.00	3.00	3.00
苜蓿粉	1.50	1.50	1.50

续表 5-17

项　　目	0～3 周龄	4～6 周龄	7～8 周龄
骨　粉	1.80	1.50	1.00
石　粉	1.20	1.00	0.80
油　脂	1.00	3.00	4.00
食　盐	0.37	0.37	0.37
DL－蛋氨酸	0.05	—	—
预混料	1.00	1.00	1.00

表 5-18　0～4 周龄肉仔鸡饲料配方　（%）

配方编号	1	2	3	4	5	6	7	8
玉　米	59.5	50.5	52.2	22	44.1	57.1	56.2	38
小　麦	—	10	9	—	—	—	—	—
大　麦	—	—	—	20	—	—	—	15
碎　米	—	—	8	10	5	—	—	—
麸　皮	4.0	—	—	—	7.0	—	—	—
米　糠	—	—	—	8.0	—	—	—	—
豆　粕	25	30	27	30	32	29	31	35
玉米蛋白粉	—	—	—	—	6.0	5.0	4.0	3.0
苜蓿粉	—	2.0	2.0	—	—	—	—	—
鱼　粉	8	5	5	4	3.0	6.0	6.0	5.0
磷酸氢钙	1.0	0.5	0.5	0.5	1.0	1.0	1.0	1.2
石　粉	1.0	0.5	0.7	1.0	0.5	0.8	0.8	1.5
蛋氨酸	0.20	0.20	0.25	0.10	—	—	—	—
食　盐	0.35	0.35	0.40	0.40	0.37	0.37	0.30	0.30
预混料	1.0	1.0	1.0	1.0	1.0	1.0	1.0	1.0
代谢能(兆焦/千克)	12.1	12.2	12.3	12.1	12.0	12.1	12.3	12.0

续表 5-18

配方编号	1	2	3	4	5	6	7	8
粗蛋白质	21.3	22.3	21.0	20.7	22.8	20.0	20.2	21.6
钙	1.10	1.0	1.01	1.04	0.90	0.80	0.90	1.20
磷	0.69	0.74	0.71	0.75	0.69	0.60	0.71	0.80
赖氨酸	1.15	1.10	1.11	1.13	1.08	1.10	1.14	1.16
蛋氨酸	0.62	0.50	0.49	0.51	0.48	0.49	0.50	0.45

表 5-19　0～8 周龄肉仔鸡饲料配方　（%）

配方编号	1	2	3	4	5	6
玉　米	65.5	39	44.5	46.1	71.2	68.0
大　麦	—	10.5	—	15	—	—
碎　米	—	9	8.7	—	—	—
小　麦	—	9	10	—	—	—
米　糠	—	—	—	10	—	—
麸　皮	—	6	10	—	—	—
豆　粕	26.5	16	17.5	15.5	8.9	12.4
棉籽饼	—	—	—	—	10	12
苜蓿粉	—	2.5	2.5	—	—	—
玉米蛋白粉	—	—	—	6.0	2.0	—
鱼　粉	5.0	5.0	4.0	5.0	6.0	4.0
石　粉	1.0	1.0	1.0	0.5	0.5	1.0
磷酸氢钙	1.0	0.5	0.5	0.5	1.3	1.3
预混料	1.0	1.0	1.0	1.0	1.0	1.0
食　盐	0.40	0.35	0.35	0.40	0.35	0.35
代谢能(兆焦/千克)	12.5	12.1	12.2	12.4	12.1	11.8
粗蛋白质	19.0	18.0	17.7	19.7	17.4	17.8

续表 5-19

配方编号	1	2	3	4	5	6
钙	1.00	1.00	0.94	0.91	0.85	1.01
磷	0.58	0.66	0.67	0.70	0.75	0.74
赖氨酸	0.90	0.91	0.87	1.01	0.90	0.85
蛋氨酸	0.32	0.28	0.30	0.37	0.42	0.33

三、常用饲料

肉鸡常用的饲料原料种类繁多,根据营养物质含量的特点,大致可分为能量饲料、蛋白质饲料、维生素饲料、矿物质饲料等。

(一)能量饲料

能量饲料指的是在纯干物质中,粗纤维含量低于 18%,粗蛋白质含量低于 20%,天然含水量小于 45%的谷实类、糠麸类等。常用的有如下谷实类及糠麸类饲料。

1. 玉　米

玉米是谷实类饲料的主体,是肉鸡最主要的能量饲料。含淀粉多,消化率高,每千克干物质含代谢能 13.89 兆焦,粗纤维含量很少,且脂肪含量可达 3.5% ~ 4.5%,所以玉米的可利用能高。如果以玉米的能值作为 100,其他谷实类饲料均低于玉米。玉米含有较高的亚油酸,可达 2%,占玉米脂肪含量的近 60%,玉米中亚油酸含量是谷实类饲料中最高的。玉米蛋白质含量低,氨基酸组成不平衡,特别是赖氨酸、蛋氨酸及色氨酸含量低。维生素 A 的含量较高,维生素 E 含量也不少,而几乎不含维生素 D,维生素 K。水溶性维生素除 B_1 外均较少。此外,玉米还含有 β－胡萝卜素、叶黄素等,尤其黄玉米含有较多的叶黄素,这些色素对皮肤、爪、喙着色有显著作用，且优于苜蓿粉和蚕粪、类胡萝卜素。玉米营养成分的含量不仅受品种、产地、成熟度等条件的影响而变化。同时，玉米水分含量也影响各营养素的含量。玉米水分含量过高，还容易腐败、霉变而容易感染黄曲霉菌。黄曲霉素 B_1 是一种强毒物质，是玉米的必检项目。玉米经粉碎后，易吸水、结块、霉变，不便保存。因此，一般玉米要整粒保存，且贮存时水分应降低至13%以下。购买玉米时要选择籽粒整齐、均匀，色泽呈黄色或白色，无发酵、霉变、结块及异味。

2. 高 粱

高粱的籽实是一种重要的能量饲料。一个高粱穗一般可得70～75个籽实。去壳高粱与玉米一样，主要成分为淀粉，粗纤维少，可消化养分高。粗蛋白质含量与其他谷物相似，但质量较差，含钙量少，含磷量较多，胡萝卜素及维生素D的含量少，B族维生素含量与玉米相当，烟酸含量多。高粱中含有单宁，有苦味，适口性差，鸡不爱采食。因此，肉鸡日粮中不超过10%～15%。单宁主要存在于壳部，色深者含量高。所以在配合饲料中，色深者只能加到10%，色浅者可加到15%，若能除去单宁，则可加到70%。由于高粱中叶黄素含量较低，影响皮肤、脚等着色，可通过配合使用苜蓿粉、玉米蛋白粉和叶黄素浓缩剂达到满意效果。使用单宁含量高的高粱时，还应注意添加维生素A、蛋氨酸、赖氨酸、胆碱和必需脂肪酸等。

3. 小 麦

我国小麦的粗纤维含量和玉米接近，为2.5%～3%。粗脂肪含量低于玉米，约为2.0%。小麦粗蛋白质含量高于玉米，为11.0%～16.2%，是谷实类中蛋白质含量较高者，但必需氨基酸含量较低，尤其是赖氨酸。小麦的能值较高，为12.89兆焦/千克。小麦的灰分主要存在于皮部，和玉米一样，钙少磷多，且磷主要是植酸磷。小麦含B族维生素和维生素E多，而维生素A，维生素D

和维生素 C 极少。因此，在玉米价格高时，小麦可作为肉鸡的主要能量饲料，一般可占日粮的 30%左右。但是由于小麦中不含类胡萝卜素，如对鸡的皮肤有特别要求时应适当调整日粮配方，补充含色素高的原料。另外，小麦的 β-葡聚糖和戊聚糖比玉米高，日粮要添加相应的酶制剂来改善鸡的饲料转化率和日增重。

4. 大　麦

大麦是一种重要的能量饲料，粗蛋白质含量比较多，约 12%，氨基酸组成中赖氨酸、色氨酸、异亮氨酸等的含量高于玉米，特别是赖氨酸，有的品种可达 0.6%，比玉米高 1 倍多，这在谷类中不易多得，是能量饲料中蛋白质品质最好的。可消化养分比燕麦高，无氮浸出物含量多。粗脂肪含量少于 2%，不及玉米含量的一半，其中一半以上是亚油酸。钙、磷含量比玉米高，胡萝卜素和维生素 D 不足，硫胺素多，核黄素少，烟酸含量丰富。大麦中 β-葡聚糖和戊聚糖的含量较高，饲料中应添加相应的酶制剂。大麦中含有单宁，会影响日粮适口性。大麦对鸡的饲喂价值明显不如玉米，肉鸡日粮中用量一般为 20%，最好在 10%以下。与小麦一样，大量使用大麦时会使粪便含水量和粘性增加，导致垫料含水增加，引起肉鸡腿部和胸部皮肤病的增加。

5. 糠

稻谷的加工副产品称稻糠，稻糠可分为砻糠、米糠和统糠。砻糠是粉碎的稻壳，米糠是糙米（去壳的谷粒）精制成大米的果皮、种皮、外胚乳和糊粉层等的混合物，统糠是米糠与砻糠不同比例的混合物。一般 100 千克稻谷可出大米 72 千克，砻糠 22 千克，米糠 6 千克。米糠的品种和成分因大米精制的程度而不同，精制的程度越高，则胚乳中物质进入米糠越多，米糠的饲用价值越高。米糠含脂肪高，最高达 22.4%，且大多属不饱和脂肪酸，油中还含有维生素 E 2%～5%。米糠的粗纤维含量不高，所以有效能值较高。米糠含钙偏低，微量元素中铁和锰含量丰富，而铜偏低。米糠富含 B

族维生素，而缺少维生素 A、维生素 D 和维生素 C。米糠是能值较高的糠麸类饲料，适口性好。但由于米糠含脂较高，天热时易酸败变质，经榨油制成米糠饼再作饲用。大量研究证明，随饲料中米糠用量增加，肉鸡的生产性能下降很大，所以，用量一般小于 10%。

6. 麦　麸

习惯上称为麸皮，是生产面粉的副产物。麦麸代谢能值与粗纤维含量呈负相关，大约为 6.82 兆焦/千克，粗蛋白质 15%左右，粗脂肪 3.9%左右，粗纤维 8.9%左右，灰分 4.9%左右，钙为 0.1%左右，磷为 0.92%左右，其中植酸磷占 0.68%。小麦麸含有较多的 B 族维生素，如维生素 B_1、维生素 B_2、烟酸、胆碱，也含有维生素 E，由于麦麸能值低，粗纤维含量高，容积大，不宜用量过多，一般可占日粮的 10%左右。有效能值相对较低。另外，麦麸具有缓泻、通便的功能，可用于调节日粮能量浓度，起到限饲作用。

7. 动物脂肪

在常温下动物脂肪凝固，加热则熔化成液态，含代谢能 35 兆焦/千克，约为玉米的 2.52 倍，添加脂肪可提高日粮的能量水平，并改善适口性，还能减少粉料的粉尘。动物脂肪的营养作用单纯，除提供一定数量不饱和脂肪酸（占脂肪 3% ~ 5%）外，主要是提高日粮的能量水平。用脂肪作能源饲料，可降低体增热，减少肉鸡炎热气候下的散热负担。

8. 植物脂肪

绝大多数植物油脂常温下都是液态。最常见的是大豆油、菜籽油、花生油、棉籽油、玉米油、葵花籽油和胡麻油。植物油脂和动物脂肪的差别在于含有较多的不饱和脂肪酸（占油脂 30% ~ 70%），与动物脂肪相比，植物油含有效能值稍高，代谢能可达 37 兆焦/千克。

(二)蛋白质饲料

通常将干物质中粗蛋白质含量在20%以上,粗纤维含量小于18%的饲料称为蛋白质饲料。它包括植物性蛋白质饲料、动物性蛋白质饲料、单细胞蛋白质饲料以及酿造工业副产物等。

1. 豆饼和豆粕

大豆饼和豆粕是我国最常用的一种主要植物性蛋白质饲料,营养价值很高,大豆饼粕的粗蛋白质含量在40%~45%,大豆粕的粗蛋白质含量高于大豆饼,去皮大豆粕粗蛋白质含量可达50%,大豆饼粕的氨基酸组成较合理,尤其赖氨酸含量2.5%~3.0%,是所有饼粕类饲料中含量最高的,异亮氨酸、色氨酸含量都比较高,但蛋氨酸含量低,仅0.5%~0.7%,故在玉米加豆粕基础日粮中需要添加蛋氨酸。大豆饼粕中钙少磷多,但磷多属难以利用的植酸磷。维生素A,维生素D含量少,B族维生素除B_2、B_{12}外均较高。粗脂肪含量较低,尤其大豆粕的脂肪含量更低。

生产大豆饼粕的原料生大豆中,含有多种抗营养因子,如胰蛋白酶抑制因子、细胞凝集素、皂角苷、尿素酶等。在提油时,如果加热适当,毒素受到破坏,加热不足,破坏不了毒素,则蛋白质利用率低,加热过度可导致赖氨酸等必需氨基酸的变性反应而影响利用价值。农村简易定性分析可采用下法:取粉碎了的大豆饼粕50克放入带有密封盖的瓶内,再加入5克尿素,把两者混匀,再加入大约25毫升水,再次搅匀,拧紧瓶盖。在室温20℃下,20分钟后开盖,如有浓重氨时,则说明有抗胰蛋白酶存在,加热不充分。大豆饼粕在鸡日粮中可占10%~30%,注意补充钙、磷,维生素A,维生素D及维生素B_{12}等。

2. 棉籽饼

棉籽饼是棉花籽实提取棉籽油后的副产品,一般含有32%~37%的粗蛋白质。产量仅次于豆饼,是一项重要的蛋白质资源。

棉籽饼因加工条件不同,其营养价值相差很大,主要影响因素是棉籽壳是否脱去及脱去程度。在油脂厂去掉的棉籽壳中,虽夹杂着部分棉仁,粗纤维也达48%,木质素达32%,脱壳以前去掉的短绒含粗纤维90%。因而,在用棉花籽实加工成的油饼中,是否含有棉籽壳,或者含棉籽壳多少,是决定它可利用能量水平和蛋白质含量的主要影响因素。

棉籽饼粕蛋白质组成不太理想,精氨酸含量3.6%~3.8%,过高,而赖氨酸含量仅1.3%~1.5%,过低,只有大豆饼粕的一半。蛋氨酸也不足,约0.4%。同时,赖氨酸的利用率较差。故赖氨酸是棉籽饼粕的第一限制性氨基酸。饼粕中有效能值主要取决于粗纤维含量,即饼粕中含壳量。维生素含量受热损失较多。矿物质中磷多,但多属植酸磷,利用率低。

棉仁饼含粗蛋白质33%~40%,棉籽饼为23%~30%。棉籽饼的缺点是含有游离棉酚,是一种有毒物质,棉酚含量取决于棉籽的品种和加工方法。棉酚中毒有蓄积性,可与消化道中的铁形成复合物,导致缺铁,添加0.5%~1%硫酸亚铁粉可结合部分棉酚而去毒,并能提高棉籽饼(粕)的营养价值。肉鸡对游离棉酚的耐受量为150毫克/千克,一般日粮中用量不超过5%。

3. 菜 籽 饼

油菜是十字花科植物,籽实含粗蛋白质20%以上,榨油后饼粕中油脂减少,粗蛋白质相对增加到30%以上。菜籽饼中赖氨酸含量约为1.0%~1.8%,色氨酸为0.5%~0.8%,蛋氨酸为0.4%~0.8%,胱氨酸为0.3%~0.7%。维生素的含量为:硫胺素1.7~1.9毫克/千克,泛酸8~10毫克/千克,胆碱6 400~6 700毫克/千克。

菜籽饼含毒素较高,主要起源于芥子苷或称含硫苷(含量一般在6%以上),各种芥子苷在不同条件下水解,生成异硫氰酸酯,严重影响适口性。硫氰酸酯加热转变成氰酸酯,它和恶唑烷硫酮还会导致甲状腺肿大,一般经去毒处理,才能保证饲料安全。不去毒限量饲喂也能收到良好效果,一般在肉鸡配合饲料中用量3.5%～5%无不良影响。菜籽饼还含有一定量的单宁,降低动物食欲。“双低”菜籽饼(粕)的营养价值较高,可代替豆粕饲喂肉鸡。

4. 花生饼(粕)

带壳花生饼含粗纤维15%以上,饲用价值低。国内一般都去壳榨油。去壳花生饼含蛋白质、能量比较高。花生饼(粕)的饲用价值仅次于豆饼,蛋白质和能量都比较高。花生饼(粕)含赖氨酸1.5%～2.1%,色氨酸0.45%～0.51%,蛋氨酸0.4%～0.7%,胱氨酸0.35%～0.65%,精氨酸5.2%。含胡萝卜素和维生素D极少,硫胺素和核黄素5～7毫克/千克、烟酸170毫克/千克、泛酸50毫克/千克、胆碱1500～2000毫克/千克。花生饼(粕)本身虽无毒素,但易感染黄曲霉产生黄曲霉毒素。因此,贮藏时切忌发霉。用花生饼(粕)喂肉鸡,其所含蛋氨酸、赖氨酸不能满足肉鸡需要,必须进行补充,也可以和鱼粉、豆饼(粕)等一起饲喂。加热不良的花生饼(粕)会引起仔鸡胰脏肥大。因此,适于饲喂成年鸡,肉鸡前期最好不用,其他阶段用量宜在4%以下。

5. 玉米蛋白粉

玉米蛋白粉的确切含义是玉米除去淀粉、胚芽和玉米外皮后剩下的产品。正常玉米蛋白粉的色泽为金黄色,蛋白质含量越高色泽越鲜艳。玉米蛋白粉一般含蛋白质40%～50%,高者可达60%。玉米蛋白粉蛋氨酸含量很高,与相同蛋白质含量的鱼粉相当,但赖氨酸和色氨酸严重不足,不及相同蛋白质含量鱼粉的25%,且精氨酸含量较高,饲喂时应考虑氨基酸平衡,与其他蛋白质饲料配合使用。由黄玉米制成的玉米蛋白粉,含有很高的类胡萝卜素,其中主要是叶黄素(53.4%)和玉米黄素(29.2%),是很好的着色剂。玉米蛋白粉含维生素(特别是水溶性维生素)和矿物质(除铁外)也较少。总之,玉米蛋白粉是高蛋白高能饲料,蛋白质消化率和可利用能值高，适用于肉鸡，效果很好，尤其是用于鸡饲料中，既可节约蛋氨酸添加量，又能改善皮肤的着色。

6. 鱼　粉

鱼粉的营养价值因鱼种、加工方法和贮存条件不同而有较大差异。鱼粉含水量平均 10%，蛋白质含量 40% ~ 70% 不等，进口鱼粉一般在 60% 以上，国产鱼粉 50% 左右。鱼粉不仅蛋白质含量高，其氨基酸也很高，而且比例平衡。进口鱼粉赖氨酸含量可达 5% 以上，国产鱼粉约 3% ~ 3.5%。鱼粉粗脂肪含量为 5% ~ 12%，平均 8% 左右。海鱼的脂肪含有高度不饱和脂肪酸，具有特殊的营养生理作用。鱼粉含钙 5% ~ 7%，磷 2.5% ~ 3.5%，食盐 3% ~ 5%。鱼粉粗蛋白质太低，可能不是全鱼鱼粉，而是下脚鱼粉；粗蛋白质太高，则可能掺假。鱼粉中灰分含量越高，表明其中鱼骨越多，鱼肉越少。微量元素中，铁含量最高，可达 1 500 ~ 2 000 毫克/千克，其次是锌、硒。锌达 100 毫克/千克以上，硒为 3 ~ 5 毫克/千克，海鱼碘含量高。鱼粉的大部分脂溶性维生素在加工时被破坏，但 B 族维生素尤其 B_{12}、B_2 含量高，鱼粉中还含有未知生长因子。肉鸡日粮中鱼粉用量为 2% ~ 8%。饲喂鱼粉可使鸡发生肌胃糜烂，特别是加工错误或贮存中发生过自燃的鱼粉中含有较多的肌胃糜烂素。鱼粉还会使鸡肉产生不良气味。市售鱼粉掺假现象比较严重，掺假的原料也很多。鱼粉的真伪可通过感官、显微镜检验及测定真蛋白和氨基酸的方法来鉴别。购买饲喂鱼粉时应注意的几个问题。

(1)掺杂使假　因鱼粉价格昂贵，目前，掺杂使假问题严重。掺杂物种类极其繁多，如尿素、糠麸、饼粕、血粉、羽毛粉、食盐、矿砾。大宗购货单位应订立购货合同，同时保存经双方签章封口的议定样品作证。个体户如难分辨时，干脆直接买名牌厂家生产的 5% 预混料。

(2)含盐量过高　进口鱼粉含盐量在 1% ~ 2%。即使配比占到日粮的20%左右也很安全。但国产鱼粉含盐量常不稳定，变化很大。原因是有些渔区在渔汛旺季，将大量低值小杂鱼用30%～35%食盐腌贮起来，然后晒干磨碎。这种鱼粉食盐含量常高达25%。而国家规定鱼粉食盐含量不应超过4%。对这类鱼粉应先测定食盐含量后再确定鱼粉最佳配比。

(3)发霉变质　鱼粉营养物质丰富，受潮、温度过高时，极易发霉、腐败，甚至自燃，由于细菌的作用可产生有毒物质组胺，造成组胺中毒。鱼粉含水量不应超过12%。

(4)肌胃糜烂素　加工不当，在高于120℃的温度下加热2～4小时，或贮存过程中发生自燃，即可形成"肌胃糜烂素"，使肌胃出血，发生黑色呕吐。此化合物毒性很强，6毫克/千克加入3日龄雏鸡日粮，7天内即发生肌胃糜烂，体重减轻。

颜色深暗的红鱼粉，常常表示加热温度过高，加热时间过长。这种鱼粉使肌胃糜烂的可能性较大，最好不用。

7. 肉骨粉

肉骨粉的营养价值很高，是屠宰场或病死畜尸体等成分经高温、高压处理后脱脂干燥制成的，饲用价值比鱼粉稍差，但价格远低于鱼粉。因此，是很好的动物蛋白质饲料。据分析，肉骨粉粗蛋白质含量为54.3%～56.2%，粗脂肪4.8%～7.2%，灰分20.1%～24.8%，钙5.3%～6.5%，磷2.5%～3.9%，蛋氨酸0.36%～1.09%，赖氨酸2.7%～5.8%。肉骨粉维生素B_{12}含量丰富，含脂肪较高，最好与植物蛋白质饲料混合使用，仔鸡日粮用量不要超过5%，成年鸡可占5%～10%。肉骨粉容易变质腐烂，喂前应注意检查。

(三)矿物质饲料

矿物质饲料是补充动物矿物质需要的饲料。它包括人工合成的，天然单一的和多种混合的矿物质饲料，以及配合在载体中的痕量、微量、常量元素补充料。在各种植物性和动物性饲料中都含有一定动物所必需的矿物质，但往往不能满足动物生命活动的需要量。因此，应补充所需的矿物质饲料。

1. 常量矿物质补充料

(1)含氯、钠饲料　钠和氯都是肉鸡需要的重要元素，常用食盐补充，食盐中含氯60%，含钠40%，碘盐还含有0.007%的碘。研究表明，食盐的补充量与动物种类和日粮组成有关。饲料用盐多为工业盐，含氯化钠95%以上。食盐在肉鸡日粮中用量一般为0.25%～0.4%。食盐不足可引起食欲下降，采食量降低，生产性能下降，并导致异食癖。食盐过量时，只要有充足的饮水，一般对肉鸡健康无不良影响，但若饮水不足，可出现食盐中毒。使用含盐量高的鱼粉、酱渣等饲料时应调整日粮食盐添加量。

(2)含钙饲料

①石粉　主要是指石灰石粉，为天然的碳酸钙。石粉中含纯钙35%以上，是补充钙最廉价、最方便的矿物质饲料。品质良好的石灰石粉与贝壳粉，必须含有约38%的钙，而且镁含量不可超过0.5%，只要铅、砷、氟的含量不超过安全系数，都可用于肉鸡饲料。

②石膏　石膏的化学式 $CaSO_4 \cdot 2H_2O$，灰色或白色结晶性粉末，有两种产品，一种是天然石膏的粉碎产品，一种是磷酸制造工业的副产品，后者常含有大量的氟，应予注意。石膏的含钙量在20%～30%之间，变动较大。此外，大理石、熟石灰、方解石、白垩石等都可作为肉鸡的补钙饲料。

③蛋壳和贝壳粉　新鲜蛋壳与贝壳(包括蚌壳、牡蛎壳、蛤蜊壳、螺丝壳等)烘干后制成的粉含有一些有机物，如蛋壳粉含粗蛋白质达12.42%，含钙达24.4%～26.5%。因此，用鲜蛋壳制粉应注意消毒以防蛋白质腐败，甚至带来传染病。贝壳也有同样的问题，但海滨堆积多年的贝壳，其内部有机质已消失，是良好的碳酸

钙饲料,一般含碳酸钙 96.4%,折合含钙量 38.6%。微量元素预混料常使用石粉或贝壳粉作为稀释剂或载体,而且所占配比很大,配料时应把它的含钙量计算在内。

(3)钙磷饲料

肉鸡常用的钙磷补充饲料有骨粉和磷酸氢钙。骨粉是以家畜骨骼为原料,经蒸汽高压下,蒸煮灭菌后,再粉碎而制成的产品。骨粉含钙 24% ~ 30%,磷 10% ~ 15%。骨粉品质因加工方法而异,选用时应注意磷含量和防止腐败。磷酸氢钙又称为磷酸二钙,为白色或灰白色粉末,含钙不低于 23%,磷不低于 18%,铅含量不超过 50 毫克/千克,氟含量不宜超过 0.18%。磷酸氢钙的钙磷利用率高,是优质的钙磷补充料。肉鸡日粮的磷酸氢钙不仅要控制其钙磷含量,尤其注意含氟量。肉鸡日粮中所用钙磷补充料,在选用或选购时应考虑下列因素:纯度,有害元素含量,物理形态,如比重、细度等;钙、磷利用率和价格等。以单位可利用量的单价最低为选购原则。

2. 微量矿物质补充料

本类饲料用品多为化工生产的各种微量元素的无机盐类和氧化物。近年来,微量元素的有机酸盐和螯合物以其生物效价高和抗营养干扰能力强受到重视。常用的补充微量元素类有铁、铜、锰、锌、钴、碘、硒等。

(1)铜饲料　碳酸铜[$CuCO_3 \cdot (OH)_2$]、氯化铜($CuCl_2$)、硫酸铜($CuSO_4$)等皆可作为含铜的饲料。硫酸铜不仅生物学效价高,同时还具有类似抗生素的作用,饲用效果较好,应用比较广泛,但其易吸湿返潮,不易拌匀,饲料用的硫酸铜有 5 水和 1 水两种,细度要求通过 200 目筛。

(2)含碘饲料　比较安全常用的含碘化合物有碘化钾(KI)、碘化钠(NaI)、碘酸钠($NaIO_3$)、碘酸钾(KIO_3)、碘酸钙[$Ca(IO_3)_2$]。前几种碘化物不够稳定,易分解而引起碘的损失。碘酸钙在水中的溶解度较低，也较稳定，生物效价和碘化钾近似，在国外常被应用，在我国多用碘化钾。

(3)铁饲料　硫酸亚铁($FeSO_4 \cdot H_2O$)、碳酸亚铁($FeCO_3 \cdot H_2O$)、三氯化铁($FeCl_3 \cdot 7H_2O$)、柠檬酸铁铵[$Fe(NH_3)C_6H_8O_7$]、氧化铁(Fe_2O_3)等都可作为含铁的饲料，其中硫酸亚铁的生物学效价较好，氧化铁最差。含 7 个结晶水的硫酸亚铁($FeSO_4 \cdot 7H_2O$)含铁 20.1%，因吸湿性强易结块，不易与饲料拌匀，使用前需脱水。含 1 个结晶水的硫酸亚铁($FeSO_4 \cdot H_2O$)含铁约 33%，经过专门的烘干焙烧，过 20 目筛后可作为饲料用，最低含铁 31%。硫酸亚铁对营养物质有破坏作用，在消化、吸收过程中常使理化性质不稳定的其他微量化合物的生物效价降低。

(4)含锰饲料　碳酸锰($MnCO_3$)，氧化锰(MnO)，硫酸锰($MnSO_4 \cdot 5H_2O$)都可作为含锰的饲料。氧化锰由于烘焙条件不同，纯度不一，含锰量可变动于 55% ~ 75%，呈绿色。其他品种的锰化合物价格都比氧化锰贵，所以氧化锰的用量也较大。饲料用氧化锰的细度要求通过 100 目筛，最低含锰 60%。

(5)含硒饲料　硒既是肉鸡所必需的微量元素，又是有毒物质，根据报道，超量投喂有致癌作用。补硒一般以亚硒酸钠的形式添加。亚硒酸钠是有毒的，必须由专业人员配合处理，添加量有严格限制，一定要均匀配合到饲料中。必须以硒预混料的形式添加，这种预混料的硒含量不得超过 200 毫克/千克，每吨饲料中添加量，不得超过 0.5 千克(其中硒含量不超过 100 毫克)。

(6)含锌饲料　氧化锌(ZnO)、碳酸锌($ZnCO_3$)、硫酸锌($ZnSO_4$)均可作为含锌的饲料。氧化锌的含锌量约 70% ~ 80%，比硫酸锌含锌量高约 1 倍以上，价格也比硫酸锌便宜，但生物学效价低于硫酸锌。饲料用的氧化锌细度要求通过 100 目筛。

3. 天然矿物质饲料资源的利用

一些天然矿物质，如麦饭石、沸石、膨润土等，它们不仅含有常量元素，更富含微量元素，并且由于这些矿物质结构的特殊性，所含元素大都具有可交换性或溶出性，因而容易被动物吸收利用。研究证明，向饲料中添加麦饭石、沸石和膨润土可以提高肉鸡的生产性能。

(1)*麦饭石*　其主要成分为氧化硅和氧化铝，另外还含有动物所需的矿物元素如钙、磷、镁、钠、钾、锰、铁、钴、铜、锌、钒、钼、硒和镍等，而有害物质铅、镉、砷、汞和6价铬都低于世界卫生组织建议标准及有关文献值。麦饭石具有溶出和吸附两大特性，能溶出多种对肉鸡有益的微量元素，吸附对肉鸡有害的物质如铅、镉和砷等，可以净化环境。

(2)*沸石*　天然沸石是碱金属和碱土金属的含水铝硅酸盐类，主要成分为氧化铝，另外还含有动物不可缺少的矿物元素，如钠、钾、钙、镁、钒、铁、铜、锰和锌等，沸石含的有毒元素铅、砷都在安全范围内。天然沸石的特征是具有较高的分子空隙度，良好的吸附性，离子交换及催化性能。

(3)*膨润土*　膨润土的特征是阳离子交换能力很强，具有非常显著的膨胀和吸附性能。膨润土含有磷、钾、铜、铁、锌、锰、硅、钼和钒等动物所需的常量和微量元素。由于膨润土具有很强的离子交换性，这些元素容易交换出来为动物所利用，因此，膨润土可以作为动物的矿物质饲料加以利用。

(四)维生素饲料

来源于动、植物的某些饲料富含某些维生素，例如鱼肝富含维生素A，维生素D，种子的胚富含维生素E，酵母富含B族各种维生素，水果与蔬菜富含维生素C，但这都不划为维生素类。只有经加工提取的浓缩产品和直接化学合成的产品方属本类。鱼肝油、胡萝卜素就是来自天然动、植物的提取产品，属于此类的多数维生素是人工合成的产品。

由于各种维生素化学性质不同,生理营养功能各异,所以还不能对十几种维生素进行科学分类。目前依其溶解性将维生素分成两类:脂溶性维生素和水溶性维生素。前者包括维生素 A,维生素 D,维生素 E,维生素 K,后者包括全部 B 族维生素和维生素 C。脂溶性维生素只有碳、氢、氧三种元素,而水溶性维生素有的还有氮、硫和钴。在购买和使用维生素时应注意以下问题:

1. 各种维生素添加剂的规格、浓度

一般来讲,纯的维生素很不稳定,容易分解。而商品维生素往往进行了稳定化处理。且各种维生素有效成分的含量也各不相同。例如,维生素 A 有维生素 A 醇、维生素 A 醋酸脂、维生素 A 棕榈酸脂等,而维生素 A 醇很不稳定。商品维生素的有效成分含量也不尽相同,有 30 万国际单位/克、40 万国际单位/克、50 万国际单位/克等规格(1 国际单位 = 0.3 微克维生素 A 醇 = 0.334 微克维生素乙酸脂 = 0.55 微克维生素 A 棕榈酸脂)。维生素 D 可分为维生素 D_2 和维生素 D_3,维生素 D_2 的活性相当于维生素 D_3 的 1/30 ~ 1/20。而商品维生素 D 均为维生素 D_3,其含量一般为 30 万国际单位/克、40 万国际单位/克、50 万国际单位/克(1 国际单位 = 0.025 微克结晶体维生素 D_3)。因此,在购买商品维生素时应弄清其规格、有效成分含量。

2. 稳 定 性

各种维生素的稳定性很差,特别是脂溶性维生素,很容易氧化变质,尽管维生素商品都进行了稳定化处理,但遇空气、热、光及潮湿易分解,贮存期短。因此,应将维生素放在干燥、阴凉、避光的地方,且密封要严,以防被氧化变质。

3. 需 要 量

鸡对维生素的需要量受很多因素影响,如鸡的品种、饲料组成、环境温度、饲养方式等都能影响其需要量。饲养标准中规定维生素需要量仅为最低需要量,在确定维生素的补充量时应以饲养标准为基础，将基础饲料中各种维生素含量忽略不计，综合考虑其影响因素、维生素的效价等因素。适当增加各种维生素的添加量，以满足鸡的最适维生素需要量。在计算商品维生素添加量时，应注意其规格及有效成分的含量。

四、添加剂和动物源饲料的使用与监控

随着人民生活水平的提高，人们对食物的卫生安全性越来越关注。环境中的有毒有害成分最终可以通过食物链经植物性食物和动物性食物部分或全部转入人体中，从而对人体产生毒害作用、致病作用，甚至致人死亡。饲料作为动物的日常饲粮，其卫生与安全程度在很大程度上决定着动物性食品卫生安全性，不仅对养殖业的经济效益有着重要影响，而且与人类健康密切相关。在肉、乳、蛋等动物性食物消费量日益增多的今天，探讨影响饲料卫生安全性的添加剂和动物源饲料的使用与监控，无疑具有重要意义。

(一)药物饲料添加剂的使用与监控

随着集约化畜牧业的发展，兽药的作用范围也在扩大，有的药物如抗生素、磺胺药、激素等已广泛用于促进畜禽的生长、减少发病率和提高饲料利用率。在兽药应用品种构成中，治疗药品的比重在下降。近年来，美国在兽用药品应用方面，饲料添加剂占46%，治疗药品43%，疫苗等生物药品占11%。在饲料添加剂中，抗生素用量占有相当大的比重。1996年全球抗生素饲料添加剂用量已占全部饲料添加剂用量的45.8%。

我国兽药业发展也很快，1987～1998年共研制247种新兽药，平均每年有22.5种新兽药上市(含生物制品)。兽药的广泛运用，带来的不仅是畜牧业的增产，同时也带来了兽药的残留。现代畜牧业生产的发展，不可能脱离兽药的使用。要保证动物性食品中

药物残留量不超过规定标准，必须要有用药规则，并通过法定的残留检测方法来加以监控。

为了保证畜牧业的正常发展及畜产品品质，发达国家规定了用于饲料添加剂的兽药品种及休药期。我国政府也颁布了类似的法规规定。但由于监控乏力，有的饲料厂和饲养场(户)，无视法规规定，超量添加药物，如有的饲料厂在配制鸡料时，将数倍甚至几十倍于推荐量的喹乙醇添加于饲料中，有的养鸡场(户)将鸡浓缩料与少量全价料混于一起喂，由于二者都含有的喹乙醇，而导致了鸡的喹乙醇中毒。有的饲料厂或饲养场(户)为牟取暴利，非法使用违禁药品。这些现象充分反映了当前兽药使用过程中超标、滥用的状况。如果这一状况得不到有效的控制，兽药在畜禽肉产品中的残留将对人类产生很大危害。

为了扼制这种状况的继续发展，除进一步完善兽药残留监控立法外，还应加大推广合理规范使用兽药配套技术的力度，加强饲料厂及养殖场(户)对药物和其他添加物的使用管理，对不规范用药的单位及个人施以重罚，最大限度地降低药物残留，使兽药残留量控制在不影响人体健康的限量内。

无公害肉鸡饲养饲料使用准则，对饲料中可添加的兽药添加剂作了明确的规定(表5-20)。

表5-20 无公害食品肉鸡饲养中允许使用的药物饲料添加剂

品 名	商品名	规 格	用 量	休药期	其他注意事项
二硝托胺预混剂	球痢灵	0.25%	每吨饲料添加本品500克	3天	

续表 5-20

品　名	商品名	规　格	用　量	休药期	其他注意事项
马杜霉素铵预混剂	抗球王 加　福	1%	每吨饲料添加本品 500 克	5 天	无球虫病时，含百万分之六以上马杜霉素铵盐的饲料对生长有明显的抑制作用，也不改善饲料报酬
尼卡巴嗪预混剂	杀球宁	20%	每吨饲料添加本品 100～125 克	4 天	高温季节慎用
尼卡巴嗪、乙氧酰胺苯甲酯预混剂	球　净	25%尼卡巴嗪＋1.6%乙氧酰胺苯甲酯	每吨饲料添加本品 500 克	9 天	高温季节慎用
甲基盐霉素预混剂	禽　安	10%	每吨饲料添加本品 600～800 克	5 天	禁止与泰妙菌素、竹桃霉素并用；防止与人眼接触
甲基盐霉素、尼卡巴嗪预混剂	猛　安	8%甲基盐霉素＋8%尼卡巴嗪	每吨饲料添加本品 310～560 克	5 天	禁止与泰妙菌素、竹桃霉素并用；高温季节慎用
拉沙洛西钠预混剂	球　安	15%或45%	每吨饲料添加 75～125 克（以有效成分计）	3 天	

续表 5-20

品 名	商品名	规 格	用 量	休药期	其他注意事项
氢溴酸常山酮预混剂	速 丹	0.6%	每吨饲料添加本品 500 克	5 天	
盐酸氯苯胍预混剂		10%	每吨饲料添加本品 300 ~ 600 克	5 天	
盐酸氨丙啉、乙氧酰胺甲酯预混剂	加强安保乐	25%盐酸氨丙啉 + 1.6%乙氧酰胺甲酯	每吨饲料添加本品 500 克	3 天	每 1000 千克饲料中维生素 B_1 大于 10 克时明显拮抗
盐酸氨丙啉、乙氧酰胺甲酯、磺胺喹噁啉预混剂	百球清	20%盐酸氨丙啉 + 1%乙氧酰胺甲酯 + 12%磺胺喹噁啉	每吨饲料添加本品 500 克	7 天	每 1000 千克饲料中维生素 B_1 大于 10 克时明显拮抗
氯羟吡啶预混剂		25%	每吨饲料添加本品 500 克	5 天	
海南霉素钠预混剂		1%	每吨饲料添加本品 500 ~ 750 克	7 天	
赛杜霉素钠预混剂	禽 旺	5%	每吨饲料添加本品 500 克	5 天	
地克珠利预混剂		0.2% 或 0.5%	每吨饲料添加 75 ~ 125 克(以有效成分计)		

续表 5-20

品　名	商品名	规　格	用　量	休药期	其他注意事项
莫能菌素钠预混剂	欲可胖	5%、10%、20%	每吨饲料添加 90～110 克(以有效成分计)	5天	禁止与泰妙菌素、竹桃霉素并用;搅拌配料时禁止与人的皮肤、眼睛接触
杆菌肽锌预混剂		10%或15%	每吨饲料添加 75～125 克(以有效成分计)		
黄霉素预混剂	富乐旺	4%或8%	每吨饲料添加 5 克(以有效成分计)		
维吉尼亚霉素预混剂	速大肥	50%	每吨饲料添加本品 10～40 克	1天	
那西肽预混剂		0.25%	每吨饲料添加本品 1000 克	3天	
阿美拉霉素预混剂	效美素	10%	每吨饲料添加本品 50～100 克		
盐霉素钠预混剂	优素精 赛可喜	5%、6%、10%、12%、45%、50%	每吨饲料添加 50～70 克(以有效成分计)	5天	禁止与泰妙菌素、竹桃霉素并用

续表 5-20

品　名	商品名	规　格	用　量	休药期	其他注意事项
硫酸粘杆菌素预混剂	抗敌素	2%、4%、10%	每吨饲料添加 2～20 克(以有效成分计)	7天	
牛至油预混剂	诺必达	每 1000 克中含 5-甲基-2-异丙基苯酚和 2-甲基-5-异丙基苯酚 25 克	每吨饲料添加本品 450 克(用于促进生长)或 50～500 克(用于治疗)		
杆菌肽锌、硫酸粘杆菌素预混剂	万能肥素	5%杆菌肽 + 1%粘杆菌素	每吨饲料添加 2～20 克(以有效成分计)		
土霉素钙		5%、10%、20%	每吨饲料添加 10～50 克(以有效成分计)		
吉他霉素预混剂		2.2%、11%、55%、95%	每吨饲料添加 5～11 克(用于促进生长)或 100～330 克(用于防治疾病),连用 5～7 天。以上均以有效成分计	7天	

续表 5-20

品　名	商品名	规　格	用　量	休药期	其他注意事项
金霉素(饲料级)预混剂		10%、15%	每吨饲料添加 20 ~ 50 克(以有效成分计)	7天	
恩拉霉素预混剂		4%、8%	每吨饲料添加 1 ~ 10 克(以有效成分计)	7天	

注:1. 表中所列的商品名是由相应产品供应商提供的产品商品名。给出这一信息是为了方便本标准的使用者,并不表示对该产品的认可。如果其他等效产品具有相同的效果,则可使用这些等效产品

2. 摘自中华人民共和国农业部公布的《药物饲料添加剂使用规范》

(二)绿色饲料添加剂的开发与应用

净化环境、食品安全与人类的健康将是新世纪人们普遍关注的热点问题。合理使用营养性饲料添加剂,逐步减少直至取消药物饲料添加剂和开发无污染、无公害、无残留的新型饲料添加剂,是今后发展的必然趋势。所谓绿色饲料添加剂,是指添加于饲料中无论时间长短,都不会产生毒副作用,即无有害物质在畜禽体内和产品内残留,能够提高畜产品质量和品质,对消费者的健康有益无害,对环境无污染的饲料添加剂。分类介绍如下。

1. 酶制剂类

(1)酶制剂的功能

①可以提高多糖和蛋白质的利用率　饲料营养价值的功能是用于动物的代谢、维持、生长或繁殖。对大多数谷物而言,饲用价值受到了纤维含量的限制,特别是纤维多糖(纤维素)、基质多糖

(果胶、半纤维素、糖蛋白)和木质素。能量主要以结构性碳水化合物的形式存在,使用酶制剂可分解这些碳水化合物及营养物质如淀粉、蛋白质和脂肪,使其利用率提高,饲料的表观代谢能也显著提高。因此,酶制剂可使人们在日粮配方中使用更便宜和种类多样的饲料原料。

②可分解的特定化学链,得到更多的营养物质 日粮添加适量的酶制剂可部分分解和溶解胚乳细胞壁多糖,这样能使非淀粉多糖中的能量被动物加以利用,如使β-葡聚糖降解为葡萄糖。

③可克服内源酶产生不足所引起的消化不良 这种消化不良可能是由于酶产生不足(特别是幼年动物)和在此期间的应激(如断奶、免疫和不适宜的温度)引起的。因此,在关键生长时期,在日粮中添加外源的淀粉酶和蛋白酶加强消化,有助于肉鸡从饲料中吸收更多的营养物质。

④可降解抗营养因子,增加饲料的营养价值 大多数饲料原料和食品副产品含有抗营养因子,这些因子产生不良的营养作用,如他们会使消化和吸收发生障碍,改变消化物的排空速度,增加小肠中微生物活动和引起粪便的异常(水分高、发粘、颜色太深或太浅)。抗营养因子的影响表现为生长缓慢,色素沉积差,腿有毛病,腹泻,羽毛和蛋壳变脏,环境变恶劣,病死率增加和胴体品质下降。虽然添加酶制剂可减少抗营养因子的副作用,但最大的作用还是减轻纤维部分(如纤维多糖和基质多糖)所产生的不利效果。

(2)饲用酶制剂在肉鸡上的应用 华中农大刘亚力等在肉仔鸡饲料中加入含有纤维素酶965单位/克、半纤维素酶242单位/克、果胶酶143单位/克、蛋白酶2 346单位/克、糖化酶104单位/克、脂肪酶133单位/克、植酸酶228单位/克的复合酶,结果日增重提高8.28%~9.87%,料肉比下降9.22%~8.41%。济宁化工研究所赵德英等在AA肉鸡饲料中添加0.2%含有酸性蛋白酶4 300单位/克、纤维素酶350单位/克、α-淀粉酶8 000单位/克、糖化酶1 200单位/克的复合酶制剂,经56天全程试验表明,成活率上升3.0%,日增重提高4.03%,料肉比下降3.63%,经济效益提高19.18%。许梓荣(1999)研究了木聚糖酶、β-葡聚糖酶和纤维素酶组成的复合酶制剂(50毫克/天)对AA商品代肉鸡生长和生化参数的影响,结果表明:酶制剂使肉鸡采食量和日增重分别提高4.66%($P<0.05$)和9.79%($P<0.01$),料重比降低4.76($P<0.01$);加酶组肉鸡血清尿酸含量降低36.11%($P<0.01$),胆固醇与甘油三脂含量分别提高15.9%($P<0.01$)和20.22%($P<0.05$)。

(3)植酸酶的应用　规模化的畜禽养殖已使磷污染日趋严重。动物排泄磷污染严重的主要原因是,由于单胃动物缺乏内源植酸酶,使得日粮中的植酸盐利用性很差。植酸盐在谷物中含1%~1.5%,在总磷占50%~80%,在小麦和黑麦中约有90%的植酸盐在糊粉粒中,其余在胚芽中,在谷物中正好相反,在胚芽中90%是植酸盐,其余的在糊粉粒中。

目前,植酸酶是一种有可能在显著改进营养利用方面,产生相当于β-葡聚糖酶及戊聚糖酶程度的酶种。如果植酸盐发挥最大作用,则所产生的改良作用会超过以上两种糖酶。β-葡聚糖仅存在于大麦及燕麦,戊聚糖仅存在于黑麦及小麦中,而植酸盐却普遍存在于植物中。饲料中的植酸盐是动物生长和骨骼发育所需磷的重要来源,但单胃动物几乎无法利用,这种形式的磷植酸盐是一种普遍的抗营养素,在禽类及其他单胃动物肠道中,它与二价阳离子不可逆转地形成螯合物,并阻碍氨基酸的吸收。因此,必须从饲料中除去它。另外,当把动物粪便施入土地时,其中的植酸盐及螯合物就成了土壤及水的主要污染来源。由于植酸酶能提高植酸磷的利用率,除去抗营养因子和减少污染。由此,在家禽及其他单胃动物日粮中成功地利用植酸酶的价值超过任何其他的单一或复合酶的综合效益。

(4)酶制剂的安全性　据有关资料,绝大多数酶的化学本质都是蛋白质。所以,理论上酶也像其他蛋白质一样,可用化学合成法合成。但相关的工作显示,用化学合成法合成的酶专一性差,活力低,而且成本高。因此,目前所用的酶制剂,全部采用从天然材料中直接提取获得,因而不存在化学添加剂的种种弊端,且无毒副作用。

由于酶制剂的生产多数靠微生物发酵,因此,对微生物菌种的监控是保证产品高效安全的关键。另外,由于基因重组等高新技术在改造菌种中的应用,对基因工程菌株的安全性评价也是十分必要的。同时,防止有害微生物及重金属污染也是酶制剂产品是否安全的保证。

2. 酸制剂类

饲料中添加的酸制剂多采用酸性的饲料添加物,可分为有机酸和无机酸。有机酸主要有柠檬酸、延胡索酸等,常用的无机酸为磷酸。

(1)饲料酸制剂的作用　①饲料中添加有机酸和无机酸可作为在不用抗生素的条件下保护动物健康的一种方法。酸制剂可降低饲料的 pH 值,抑制某些病原菌的生长。②酸制剂直接刺激口腔的味蕾细胞,使唾液分泌增多,促进食欲,提高蛋白质的消化率和蛋白质的沉积,有利于微量元素的吸收,增强抵御疾病的能力。③添加有机酸可提高幼龄畜禽不成熟消化道的酸度,激活一些重要的消化酶,有利于营养物质的消化。④酸化日粮可抑制或防止肠道中大肠杆菌或其他有害微生物的寄居和繁殖,预防肠道疾病的发生,还可提高畜禽抗应激的能力,如柠檬酸、延胡索酸、乳酸、正磷酸等,这些酸制剂可有效控制肠道中的有害细菌,减少畜禽下痢病的发生。

(2)饲料酸制剂的应用效果　肉鸡饲料中添加 0.4%柠檬酸可提高肉鸡增重 2.97%,添加 0.5%柠檬酸提高增重 6.1%,成活率提高 8.6%。蛋鸡饲料中添加 0.05%~0.15%的柠檬酸可显著提高产蛋率和平均蛋重。柠檬酸可作为高温条件下家禽抗热应激的饲料添加剂。可是,柠檬酸添加量超过1.5%,可增加鸡的饮水量,并导致尿酸盐沉积、生长速度降低。

(3)酸化剂的安全性　目前,酸化剂已被广泛应用于畜牧业。一般酸化剂都可参与体内正常新陈代谢,而且由于消费者可接受性的限制,饲料中的酸化剂一般用量都不高。因此,我国许可使用的酸化剂均可在许可使用范围内按正常生产需要使用。

3. 微生态制剂

(1)微生态制剂的作用机理　微生态制剂又叫"益生素"、"促生素"等,与抗生素相比,微生态制剂的作用机理在理论上的进展还很小,目前主要有三种学说:优势菌群学说、菌群屏障学说、微生物夺氧学说。微生态制剂主要是通过下述途径在动物体内发挥其作用的。

①预防和治疗菌群失调症　畜禽消化道内存在大量的微生物菌群,其中有些菌群能有效地促进畜禽生长和饲料消化,称有益菌群;有些菌群具有抑制生长和致病作用称有害菌群。正常情况下,畜禽消化道内的这些菌群保持着良好的平衡,维持着畜禽的正常生长和生产。这些菌群一旦失去了平衡,则引起消化功能紊乱、抑制生长发育,严重的则可致病。畜禽摄入益生素后,消化道内有益菌群得到了有效补充,使有益菌在数量和作用强度上占绝对优势,这些菌群的繁殖和代谢大大地抑制致病菌群的生长繁殖,从而保持菌群的正平衡,有效地防止菌群失调症发生。

②刺激机体免疫系统,提高机体免疫力　微生态制剂中的有益菌均是良好的免疫激活剂,能有效地提高巨噬细胞的活性,通过产生抗体和提高噬菌作用活性等刺激免疫,激发机体体液免疫和细胞免疫,导致机体免疫力和抗病能力的增强。

③参与菌群生存竞争,消除毒素和代谢产物　微生态制剂参与消化道有益菌群与致病菌之间的生存和繁殖空间竞争、时间竞

争、定居部位竞争以及营养竞争,限制致病菌群的生存、繁殖。有益菌在消化道内生成致密的膜菌群,形成微生物屏障,一方面抑制消化道粘附病原菌,中和毒性产物;另一方面防止毒素和废物的吸收。

④改善机体代谢,促进畜禽生长 微生态制剂的有益菌群能在消化道繁衍,能促进消化道内多种氨基酸、维生素等一系列营养成分的有效合成和吸收利用,从而促进畜禽生长发育和增重。

(2)微生态制剂在家禽中的应用 仔鸡日粮中添加微生态制剂,可提高肉鸡的日增重、饲料转化率及群体均匀度,预防和治疗鸡白痢等疾病。詹志春等(1993)报道,益生素可使肉鸡增重提高14.1%,料重比下降7.6%。田允波等(1999)综述也指出,益生素可预防和治疗鸡白痢,也可使蛋鸡的生产期平均延长12天,而饲料消耗和死亡率均明显下降。冯国华(2000)研究表明,添加0.2%益生素的佛山黄鸡与添加50毫克/千克的金霉素相比,料肉比提高2.3%($P>0.05$),期末粪便pH值差异不显著($P>0.05$),期末粪便含水量下降14.03%($P<0.01$)。

(3)微生态制剂的安全性 目前,我国尚缺乏微生态制剂的统一标准,在产品管理上还明显存在盲区,这是一种严重的不安全因素。另外,微生态制剂的安全性问题还可源于菌株的内部。凌代文等对双歧杆菌属的50个菌株进行10种抗生素敏感性试验,结果发现,所有菌株均对多粘菌素、链霉素、新霉素产生耐药性,大多数菌株抗卡那霉素,较多菌株抗庆大霉素,所有菌株对红霉素、万古霉素和氯霉素敏感,但未进行耐药性的基因定位及耐药性的转移测定。如果菌种所携带的抗药基因发生转移,那将是更大的潜在威胁。

4. 低聚寡糖类

寡糖是碳水化合物的一组物质,由2~10个单糖单位通过糖苷键而连结的小聚合体,介于单体单糖与高度聚合的多糖之间,有甘露寡糖、果寡糖、大豆寡糖等。

(1)寡糖的代谢　单胃动物对碳水化合物的消化主要限制于α(1~4)糖苷键。它产生的内源性消化碳水化合物的酶如唾液淀粉酶,对其他糖苷键的分解能力较弱或不能分解。除了由淀粉降解产生的麦芽糖或低聚糊精外,其他寡糖由于结构中α(1~4)糖苷键的比例小,因此,在很大程度上不能被单胃动物产生的消化酶分解,被称之为非消化性寡糖。这些寡糖由于不能被降解成单糖,因此,基本上不能被小肠吸收,而直接进入小肠后部,盲肠、结肠、直肠。然而,寡糖能够被消化道后部寄生的微生物选择性地作为营养基质,最后被微生物降解为挥发性脂肪酸、二氧化碳等。人们对这种利用"选择性"的深入研究,构成近十几年来"寡糖在营养上应用"这一营养学界热点领域的基础之一。但是,当动物摄入过多寡糖时,将产生负作用,消化道后部寄生的微生物发酵过度,食物通过消化道速度加快,产生软粪,严重时动物产生下痢。

(2)低聚寡糖作为饲料添加剂的生理功能　随着现代动物生理学及糖类生物化学等学科的发展,低聚糖对动物的生理功能逐渐被人们认识,主要表现在三个方面。

一是低聚糖是动物肠道内有益菌的增殖因子。大部分能被有益菌发酵,从而促进有益菌增生;同时产生的酸性物质降低了整个肠道的pH值,进而抑制了有害菌的生长,提高了动物防病抗病的能力。

二是吸附肠道病原菌,对动物起保健作用。许多病原菌的细胞表面均含有键合碳水化合物的蛋白质,称为外源凝集素,它们能同消化道低聚糖结构的受体结合,使细菌粘附在这些组织壁上繁殖,从而引起这些部位的病变。调节选择适当的低聚糖,使之同细菌外源凝集素结合,以此来破坏细胞识别而不至于吸附到肠壁上。由于低聚糖不能被消化道内源酶分解,因此,它们携带着附着的病原菌通过肠道,以防止病原菌在肠道内繁殖。

三是充当免疫刺激的辅助因子。某些低聚糖具有提高药物和抗原免疫应答的能力，从而增强动物体液及细胞免疫的能力。

(3)寡糖的应用　作为饲料添加剂饲料中添加少量的寡糖产品，可以显著地提高动物的增重、饲料转化率和机体的健康状态。近十几年来，这方面报道不少。但是，由于寡糖种类不同、来源不同、动物的种类、饲养的环境条件不同，研究结果有较大的差异。Oyazabal 等(1996)给肉鸡日粮添加 0.2%低聚果糖，结果增强了肉鸡的抗病力；据 Sisak 等(1994)报道，在肉仔鸡饲料中添加 1 克/千克的甘露寡糖，肉仔鸡盲肠、屠体内沙门氏菌检出率分别为 18%(对照组 76%)和 28%(对照组 84%)，并且存活率、饲料转化率、日增重等都有改善；Aidlcy 等(1991)报道，在肉鸡日粮中添加 0.375%的果寡糖，能够防止沙门氏菌造成的细菌性食物中毒。

5. 中草药添加剂

中草药含有大量的蛋白质、氨基酸、矿物质、微量元素以及未知生长因子，能促进机体新陈代谢、消化吸收、生长发育和增重催肥，具有清热解毒、活血化瘀、健脾燥湿、利水通淋、抑菌、镇静、降压等功效。其独特优势为纯天然性、多功能性和无药残、无抗药性、无毒副作用。目前已广泛应用于增香除臭、提高食欲；促进生长、提高饲料效益；营养保健、防治疾病；促进畜禽繁殖等范围。

(1)中草药添加剂的优点

①中草药的纯天然性　中草药所含的天然成分，能起到防病治病，促进生长发育的作用，其独特的优点是长期使用而无药物残留，无抗药性，药效不减和无毒副作用，是良好的“绿色”药物添加剂。而这正是抗生素等合成药物的最大缺憾。

②中草药添加剂功能齐全　一是营养作用，中草药所含的蛋白质、维生素等对动物机体有营养作用。二是提高非特异性免疫力，如服用黄芪后可明显提高血中 IgE、IgM 含量；首乌、刺五加、党参可增加白细胞数，使其吞噬功能加强；四君子汤、六味地黄丸和

四物汤对体液免疫和细胞免疫有促进作用。三是产生激素样作用，调整机体新陈代谢。如当归能抗维生素 E 缺乏症，黄芪可促进细胞的生理代谢作用。四是抗应激作用，如生脉散延长动物生存时间，提高耐受力，使缺氧动物心肌中 RNA 含量增加。五是抗生素样作用，如板蓝根、黄芩、贯众、双花等对革兰阳性和阴性病菌都具有抑制和杀灭作用；提高动物细胞的吞噬能力，促进抗体形成；并能预防病毒、真菌、原虫和螺旋体感染。

此外，中草药添加剂的功能还有维生素样作用、双向调节作用和复合功能。并能改善饲料适口性、增加食欲、促进消化吸收，抗饲料的氧化和霉变等作用。

③中草药无药残、无抗药性、无毒副作用　由于中草药是由多种天然成分组成的，用药后，有用成分被吸收利用，其他成分不被吸收，因此，无药物残留。

中药的“抑菌”机制不同于抗生素。抗生素是直接作用于细菌而将其杀灭的，由于大量、单纯、长期连续使用，病原微生物产生适应性、出现抗药性。而中药则是通过扶正祛邪的调理作用，恢复机体正常的生理状态(即恢复动物阴阳平衡状态)，充分利用各味中草药相使、相恶、相畏、相杀等相互作用，提高了疾病防治效果，减少或避免了毒副作用，对机体生理功能无明显损害。

④中草药添加剂的环境保护效应　中药大多是天然植物，主要成分为生物碱、苷类、挥发油、树脂类、有机酸、色素、氨基酸、维生素及微量矿物元素，添加于饲料内，构不成药残和环境污染，是真正的“环保型”添加剂。而合成药物如砷剂、铜剂等添加剂，长期饲料添加可造成严重的环境污染，损害人禽健康，威胁人禽生存。

(2)中草药添加剂的应用

①增香除臭，提高食欲　如大蒜具有特殊的蒜香味，可起到健胃、提高食欲作用；用甘草、白术、苍术、茴香等饲喂肉鸡，使鸡舍臭味降低。

②改善肉品质　如用松针粉可使鸡肉鲜嫩可口;用大蒜、辣椒、胡椒和肉蔻使肉鸡香味变浓。

③营养保健、防治疾病　如首乌、茴香、当归、黄芪等对糖、蛋白质、脂肪均有调节作用,增加动物营养,起到营养保健作用。

总之,中草药有其天然性、多功能性、无毒副作用、无药残、无抗药性的独特优势,是用于替代化学合成物、激素类的理想饲料添加剂。这对于保护环境、促进畜牧业可持续发展,具有十分重大的意义。

(三)动物源饲料的使用与监控

动物源性饲料的种类繁多,性质各异,因而它们可能引起的毒性问题也各不相同。肉鸡常用的动物源性饲料主要有鱼粉、肉骨粉和肉粉。

1. 鱼　粉

鱼粉由于所用鱼类原料、加工过程与干燥方法不同,其品质也不相同。由于鱼粉品质不良引起的毒性问题主要有以下几个方面。

(1)霉变　鱼粉在高温多湿的状况下容易发霉,并且进而使细菌繁殖,导致腐败变质。因此,鱼粉必须充分干燥。同时应当加强卫生检验,严格限制鱼粉中霉菌和细菌含量。

(2)酸败　鱼类特别是海水鱼的脂肪,因含有大量高不饱和脂肪酸,很容易发生氧化发生酸败。因此,脂肪含量多的鱼粉以及鱼粉贮存不当时,不饱和脂肪酸受空气中氧的作用而氧化生成过氧化物。这些过氧化物,可进一步形成粘稠物质,同时分解形成醛类,醛类与鱼粉中的氨(因变质而生成)等物质作用而形成有色物质。这样,使鱼粉表面呈现红黄色或红褐色的油污状,具恶臭,使鱼粉的适口性和品质显著降低。同时,上述产物还可促使饲料中的脂溶性维生素A,维生素D,维生素E等被氧化破坏。因此,鱼粉中的脂肪含量不可过多。

(3)食盐含量过多　我国对鱼粉的标准规定，鱼粉中食盐的含量，一二级品不应超过4%，三级品不应超过5%。使用符合标准的鱼粉，不会出现饲粮中食盐过量的现象。但目前国内有些厂家出产的劣质鱼粉中食盐含量过高，甚至达15%以上，此种高食盐含量的鱼粉在饲粮中用量过多时，可引起食盐中毒。

(4)引起鸡肌胃糜烂　红鱼粉中及发生自燃和经过高温的鱼粉中含有一种能引起鸡肌胃糜烂的物质——肌胃糜烂素，研究认为其有类似组胺的作用，但活性远比组胺强。它可使胃酸分泌亢进，胃内pH值下降，从而严重地损害胃粘膜，使鸡发生肌胃糜烂，有时发生“黑色呕吐”。为了预防肌胃糜烂的发生，最有效的办法是改进鱼粉干燥时的加热处理工艺，以防止毒物的形成。

2. 肉骨粉或肉粉

近来，人们对牛海绵状脑病(BSE)再熟悉不过了，甚至到了谈BSE色变的地步。究其原因，是用了有问题的肉骨粉喂牛引起的。因此，对肉骨粉的使用与监控引起了人们的密切关注。鉴于此，英国对反刍动物饲料中添加肉骨粉制定了两个限制性法案。

虽然鸡是单胃动物，没有严格禁止使用肉骨粉，但在实际应用时也要注意霉变，肉骨粉和肉粉在高温多湿的情况下容易发霉，并且进而使细菌繁殖，导致腐败变质。应当加强卫生检验，严格限制其中霉菌和细菌含量。

五、饲料无公害管理

配合饲料生产是把众多种类的饲料原料，经一定的加工工艺，按一定的配比生产出合格的产品。产品质量和原料的质量密切相关。因此，只有严把原料收购关，同时注意饲料加工、调制过程的无公害管理，才能生产出质优价廉的配合饲料。

(一)饲料收购的无公害管理

原料收购过程中一定要严格遵守原料的质量标准,以确保原料质量。饲料原料的质量好坏,可以通过一系列的指标加以反映,主要包括一般形状及感官鉴定;有效成分及检测分析;杂质、异物、有毒有害物质的有无等。

1. 一般性状及感官鉴定

这是一种粗糙而原始的检测方法,但是由于其简易、灵活和快速的优点,常用于原料收购的第一道检测程序。感官鉴定,就是通过人体的感觉器官来鉴别原料是否色泽一致、发霉变质、结块及异物等。通过视觉来检测物料的形状、色泽、霉变、虫害、硬块、异物、夹杂物等。通过嗅觉来鉴别具有特殊气味的物料,检查有无霉味、臭味、氨味、焦糊味等。将样品放在手上或用指捻搓,通过触觉来检测粒度、硬度、粘稠性,有无附着物及估计水分的多少,必要时,还可通过舌舔或牙咬来检查味道。对于检查设施较为完整的地方,可借助于筛板或放大镜、显微镜等进行检查。一般性状的检查通常包括外观、气味、温度、湿度、杂质和污损等。

2. 有效成分分析

(1)概略养分　水分、粗蛋白质、粗脂肪、粗纤维、粗灰分和无氮浸出物总称六大概略养分。他们是反映饲料基本营养成分的常用指标。

(2)矿物质　在饲料矿物质中,钙、磷和食盐的含量是饲料的基本营养指标。含量不足,比例不当,往往会引起相应的缺乏症,但如果使用过量时,就会破坏动物的正常代谢和生产过程。以上常量元素可通过常规法进行测定。

(3)饲料添加剂　饲料添加剂包括微量矿物元素、维生素、氨基酸等营养添加剂和生长促进剂、驱虫保健剂等非营养性添加剂。在生产过程中,饲料添加剂用量很少,价格较高,要求极严。大部分添加剂的分析要借助于分析仪器，如紫外分光光度计和液相色谱仪等，有时还采用微生物生化法和生物试验的方法加以检测。饲料原料中含有饲料添加剂时应作相应说明。

3. 有毒有害物质的检测

饲料原料中含有的有毒物质大致可分为以下几类：

(1)霉菌所产生的毒素　如黄曲霉毒素 B_1、B_2、G_1、G_2、M_1、M_2、杂色曲霉毒素和棕色曲霉毒素等。

(2)农药残留　主要为有机氯农药残留、有机磷农药残留和贮粮杀虫剂残留等。

(3)原料自身的有毒物质　如棉籽饼中的棉酚、菜籽饼中的异硫氰酸酯、高粱中的单宁等。

(4)铅、汞、镉、砷等重金属元素及受大气污染而附上的有毒物质　如烟尘中的3,4-苯丙芘对饲料的污染等。

(5)某些营养性添加剂的过量使用　如铜、硒等，如量过大同样会引起肉鸡中毒。

4. 饲料添加剂收购使用要求

第一，感官要求。具有该品种的色、香、味和组织形态特征，无发霉、变质、无异味、异嗅。

第二，有害物质及微生物允许量应符合相关标准要求。

第三，饲料中使用的饲料添加剂应是附录中规定的品种和农业部公布的允许使用的新饲料添加剂。药物饲料添加剂的使用应按照《药物添加剂使用规范》执行，氨苯砷酸和洛克沙胂不能作为肉鸡饲料添加剂。

第四，饲料中使用的饲料添加剂产品应是取得饲料添加剂产品生产许可证的企业生产的、取得批准文号的产品。

第五，饲料添加剂的使用应按照产品标签规定的用法、用量使用。

第六，出售前7天肉鸡饲料中不应使用药物添加剂（中草药有特殊规定的除外)。

(二)饲料加工、调制的无公害管理

饲料企业的工厂设计与设施卫生、工厂的卫生管理和生产过程卫生应符合 GB/T 16764 的要求。

1. 粉碎过程

饲料生产中应用谷物原料一般都先经过粉碎。粉碎后的物料粒径减小,表面积增大,在肉鸡消化道内更多地与消化酶接触,从而提高饲料的消化利用率。通常认为表面积越大,溶解能力越强,吸收越好。但是事实不完全如此,吸收率取决于消化、吸收、生长、生产机制等。如饲料有过多粉尘,还会引起禽呼吸道、消化道疾病等。因此,粉碎谷物都有一个适宜的粒度。同时,粉碎粒度的情况也将直接影响以后的制粒性能。一般来说,表面积越大,调质过程淀粉糊化越充分,制粒性能越好,从而也提高了饲料的营养价值。

2. 配料混合过程

配料——混合是实现计算机集中控制的主要工序,控制系统的好坏直接影响着配料精度和混合均匀度,而配料精度和混合均匀度的高低对饲料营养和动物生产性能又存在着重要的影响。配料系统精确与否直接影响饲料营养与饲料质量。若配料误差很大,营养的配给达不到要求,科学、合理的配方就很难实现。

定期对计量设备进行检验和正常维护,以确保其精确性和稳定性,微量和极微量组分应进行预稀释,并应在专门的配料室内进行。

混合工序投料应按照先大量、后小量的原则,投入的微量组分应将其稀释到配料最大称量的 5% 以上。混合时间,按设备性能不应少于规定时间。

同一班次应先生产不添加药物添加剂的饲料,然后生产添加药物添加剂的饲料。先生产药物含量低的饲料,再生产药物含量高的饲料，在生产不同的药物添加剂的饲料产品时，对所用的生产设备、用具、容器应进行彻底的消毒。

3. 调制和制粒

制粒前对粉状饲料进行水热处理称为调质，通过调质可达到以下目的。

（1）提高饲料可消化性　调质的主要作用是对原料进行水热处理。在水热作用下，原料中的生淀粉得以糊化而成为熟淀粉。如不经调质直接制粒，成品中淀粉的糊化度仅 14%左右，采用普通方法调质，糊化度可达 30%左右，采用国际上新型的调质方法，糊化度则可达 60%以上。淀粉糊化后，可消化性大大提高。因而，可通过调质达到提高饲料中淀粉利用率的目的。调质过程中的水热作用还使原料中的蛋白质受热变性，即蛋白质紧密的螺旋状结构在水热作用下，因某些键断裂而变得结构松弛，结构松弛的蛋白质易于被酶解，饲料中的蛋白质就可被动物消化吸收得更充分。

（2）杀灭致病菌　当今饲料研究的一个热点是饲料的安全与卫生。采用安全卫生欠缺的饲料，得到的禽畜产品就难以保证安全卫生。饲料与动物健康的关系虽已被饲料研究和生产者注意，但目前国内众多饲料厂采用在饲料中加入各种防病、治病药物的方法有很多弊端。饲料中致病菌的去除，在国内还需引起足够的注意和采取行之有效的措施。大部分致病菌不耐热。可通过采用不同参数或不同的调质设备进行饲料调质，以有效地杀灭饲料中的致病菌、昆虫或昆虫卵，使饲料的卫生水平得到保证。同样配方的饲料，如经过高温灭菌后，鸡的发病率会明显下降。与药物防病相比，调质灭菌成本低，无药物残留，不污染环境，无副作用。

饲料制粒系统中常含有调质加工过程。调质的有无、调质效果的好坏、调质强度的大小等，对最终颗粒产品质量和生产成本有较大的影响。调质改变了物料的某些物理和化学性质，从而改良了物料的加工、营养及卫生特性。根据产品种类及原料特点等选用合适的调质器和调质参数已受到饲料厂设计师和管理人员的日益重视。

更换品种时，必须用少量单一谷物原料清洗制粒系统。新接受的饲料原料和各批次生产的饲料产品均应保留样品。

(三)饲料的包装、运输、贮存

饲料的包装、运输、贮存应注意以下几点：

第一，饲料包装应完整，无漏洞，无污染和异味。包装的印刷油墨应无毒，不向内容物渗漏。

第二，运输作业应保持包装的完整性，防止污染，不应使用运输畜禽等动物的车辆运送饲料，运输工具和装卸场地应定期消毒。

第三，保存于通风、背光、阴凉的地方，饲料贮存场地不应使用化学灭鼠药和杀鸟剂。保存时间不超过30天，夏季不超过10天。

(四)养殖户如何选购配合饲料

随着畜禽养殖业的快速发展，大多数畜禽养殖户逐步认识到了配合饲料在畜禽生产中的作用，越来越多地使用配合饲料饲喂肉鸡，但由于对配合饲料方面的知识了解不多，在选购配合饲料时存在一些误区，影响了养殖效益的提高。

1. 饲料颜色黄，必定有营养

配合饲料注重其营养成分的全面与平衡，而饲料颜色的深浅与饲料本身的营养价值高低并没有直接的关系。在植物类蛋白饲料中，豆饼(粕)的颜色浅黄，其中营养价值及适口性相对较好，人们就认为饲料颜色浅黄，即是豆饼(粕)用量多，质量就好。而菜饼(粕)棉饼(粕)的颜色相对较深，适口性稍差，就认为不好。这其实是误解，实际上只要能科学地合理搭配，照样能配出营养全面平衡的饲料，并可相应降低成本，获得较高的经济效益。有些饲料生产厂家为了追求高额利润，利用群众追求饲料颜色的心理，在生产中加入化学颜料，以次充好，来扩大销售量，坑害消费者，养殖户不可不防。

2. 饲料香味浓，质量一定行

配合饲料的气味应以饲料本身固有的气味为主，在配合饲料中适量加入调味剂，如香味素、甜味素、鲜味剂、咸味剂等，能提高饲料适口性，刺激食欲和提高饲料转化率，促进畜禽生长，但它们只是改变了饲料的物理性状，对饲料本身营养价值不大，若片面追求感官效果，过量添加有可能产生某些毒副作用（如食盐中毒等）甚至影响胴体品质，降低其商品利用率。

3. 饲料腥味大，鱼粉量不差

优质鱼粉在动物源性蛋白质饲料中营养价值是相对较高的，各种氨基酸较为平衡，适口性好，易消化吸收，是一种很好的蛋白质饲料。但因其产量有限，价格相对较高，饲料厂一般配合不会太高，而是添加鱼香素等有腥味的诱食剂，来增加饲料的鱼香味，也就是说饲料的鱼香味的大小并不完全证明该饲料所含鱼粉的多少，用户对此应有清醒的认识。随着科学技术的发展，实践证明，在无鱼粉情况下也能配合出全价的高营养水平的配合饲料，取得较好的实际饲养效果。

4. 蛋白含量高，饲料准不孬

蛋白质是生命活动的最基本物质，是饲料中必不可少的重要营养素，在畜禽日粮中必须要有足够的蛋白质饲料来满足其生长发育需要。但是并非蛋白质越多越好，这是因为在不同的生长阶段，机体对蛋白质的吸收利用率是不同的，过多的供给蛋白质，畜禽不仅不能全部转化成体蛋白，而且还要通过机体一系列运作，再作为能量饲料消耗掉，这不但是对蛋白质饲料的浪费，而且增加了畜禽肾脏的负担，影响畜禽的健康（如鸡的痛风），得不偿失。特别在目前，蛋白饲料相对缺乏的情况下，更不应该在日粮中添加过量蛋白质饲料。而另外一种情况是虽然标着高蛋白,其实含量不足或者是添加的不可吸收或利用率很低的蛋白(如羽毛粉、血粉等)。所以,在养殖过程中只有选好配合饲料,才能取得更高的经济效益。

第六章　肉鸡场的防疫

一、疾病防治的无公害观念

防疫是指采取各种措施将疫病排除于一个未受感染的鸡群之外，或者将已发生的疫病控制在一个最小的范围内加以扑灭。鸡场的防疫工作对于无公害鸡肉的生产有两方面的意义。一方面，动物疫病常造成动物死亡、生产性能下降，给鸡场带来大小不一的损失。为了治疗和预防疾病，人们常不得不使用大量药物，造成药物残留。另一方面，动物疫病不仅仅危害动物的健康，人畜共患病还严重地危害人类的健康，而且常由动物传染给人。因此，做好防疫工作是非常重要的。

生产无公害鸡肉就要求在现代养鸡生产的过程中必须采取无公害防疫技术。所谓无公害防疫即是在一般性的防疫措施中，杜绝使用一切对人体健康、社会环境和鸡自身安全有影响的生物制剂、药品和技术，重点控制鸡的饲料、饮水和环境卫生的质量，从而保证生产出的鸡肉产品符合无公害食品的要求。因此，如何科学地防疫是无公害鸡肉生产面临的急待解决的问题，也是最重要的一项工作。一方面，应尽量不用药物或少用药物，以减少药物残留；另一方面，应讲求效益，用较少的钱、较少的人力达到良好的效果。

防疫工作的方针是预防为主、防治结合、防重于治。防疫和治疗可以说有百倍的效益差别，因为疾病一旦发生，则必然造成损失，即鸡场多花一块钱进行防疫，可以免除上百元钱的治疗费，而且肉鸡的饲养周期短，过多用药很难控制药物残留。肉鸡场应采取综合性的防治措施，从场址的选择、鸡场的布局、设备的安装、雏鸡和饲料的选择、饲养管理、消毒隔离、疫苗接种、药物应用和动物保健检测等生产的各个环节着手，环环相扣，解决防疫问题，避免疫病的发生。

防疫的基本内容包括两个方面，即平时的综合性预防措施和发生疫病时的扑灭措施。

(一)平时的预防措施

主要有以下几点：

第一，坚持自繁自养的原则，实行全进全出的制度，减少疫病的传播，这是行之有效的防疫措施。

第二，加强饲养管理，提高鸡体体质，增强鸡群的抗病能力。

第三，结合实际，制定切实的免疫计划，选择适宜的免疫疫苗，实行有效的预防接种和补种，每年春秋两季定期进行体表和体内寄生虫的驱除工作，这是防止疫病发生的重要手段。

第四，重视环境卫生，做好消毒工作，定期杀虫灭鼠，这是防止疫病发生的重要环节，也是做好各种疫病免疫的基础和前提。

第五，有计划地适时进行药物预防，避免疫病的发生。

第六，不断提高饲养管理人员和兽医技术人员的素质，建立健全防疫制度并贯彻执行，坚持进行疫情监测、分析和预报，有计划地进行疫病的净化、控制和消灭工作。

(二)发病时的扑灭措施

主要有以下几点：

第一，密切注视和观察整个鸡群的动态，及时发现、诊断疫情，并通知邻近地区和单位做好预防工作，将疫病限制在最小范围内，及时扑灭，尽量减少损失。

第二，迅速隔离病鸡和有病鸡群，禁止无关人员进入，并进行必要的场地消毒。

第三,在力求正确诊断的前提下,采取果断措施,如紧急接种、立即通过饲料或饮水投药进行全群治疗,必要时可逐只进行治疗。

第四,无害化处理已死亡的以及需要淘汰的病鸡,与病鸡同一栏舍的鸡只,不论是否有肉眼可见的症状及病变,在一定时间内均应作病鸡看待。同时,对病鸡的排泄物也要进行无害化处理。

第五,病死鸡及排泄物处理完毕后,其栏舍、用具、设备等应严格彻底地清洁与消毒,并空置一定时间,避免新进入的鸡群又发生同样的疫病。

二、生物安全体系

生物安全是指防止致病性微生物、寄生虫侵入鸡场及阻止其在本鸡场、鸡舍及鸡群内传播的一整套管理措施。与用药物、疫苗防治相比,生物安全体系是最有效的、成本较低的、安全的防疫方法。生物安全的具体内容包括以下几个方面。

(一)场址的选择和鸡场建设

第一,保证场地无病原污染,不能在原有的鸡场上建场或扩建。要高度重视水源水质,严防各种病原微生物及有害化学物质的污染。

第二,远离传染源,完善隔离条件。鉴于我国的实际情况,鸡场或鸡舍周围建围墙或篱笆。

第三,养鸡场应由小规模分散饲养过渡到大规模集约化饲养,压缩饲养场的数量,扩大单个饲养场(户)的规模。

第四,鸡舍布局要合理,鸡舍间距要合乎卫生防疫要求。

第五,鸡舍的结构力求合理,地面、天棚、墙壁耐冲刷、耐酸碱消毒,尽量要采取全程或前期棚架饲养,棚架坚固平整,便于拆卸清洗消毒。

第六,鸡场必须有良好的排污条件,粪便及污水必须能够及时进行发酵处理和排除,严防鸡场周围粪便及污水污染。

(二)防疫制度

鸡场区域周围应建筑围墙,围墙外最好设防疫沟,防止不必要的外来人员,鸡场所有入口处应加锁并设有"谢绝参观"标志。鸡场门口设消毒池和消毒间,所有进场人员要脚踏消毒池,进场人员除了鞋消毒外,还要经过紫外线照射的消毒间杀灭身上可能携带的病菌。

进生产区最好经洗澡、换衣、换鞋帽,至少要更换已消毒的工作服、靴子、帽子,更衣室有紫外线消毒灯,工作服应定期清洗,鸡舍门口设消毒池或消毒盆供工作人员鞋消毒用。进入或离开每栋鸡舍时,工作人员和来访人员必须要清洗、消毒双手和鞋靴。鸡舍下风向要建去污清洗设施,大鸡场要设专门的剖检室及死鸡无害化处理设施。

1. 本场人员管理

场内所有人员要具备一定的文化素质,经过专门培训,懂科学饲养管理的基本知识,有高度的生物安全意识,工作人员身体健康,没有人畜共患病。人员实行封闭式管理,在鸡场内吃住,专人送饭,不带可能有病原污染的食物,不能轻易离开生产区。一旦离开,再进入时,要更衣、洗澡、换消毒后的工作服方能进入鸡舍。或者,工作人员在生产区外居住,工作人员进鸡舍前要遵守生物安全防疫程序,有条件的鸡场要求所有员工必须洗澡淋浴,更换干净的工作服和工作鞋,然后进场工作。这是防止场与场之间交叉感染最有效的措施之一。如无法做到洗澡淋浴,所有员工到场时必须更换洁净的工作服和工作靴。

人员、动物和物品运转应采取单一流向,防止污染和疫病传播。由于不同日龄的鸡群抵抗能力不同,年幼的鸡群接种免疫项目少,对某些疾病还没有抵抗力,而大龄鸡群,接种免疫项目多,抵抗力强。因此,每栋鸡舍要专人管理,各栋鸡舍用具也要专用,严禁饲养员随便乱串和互相借用用具。管理人员、工作人员在场区内走访鸡群时,应先走年轻鸡群,后走大龄鸡群,进入每个不同区域都要对工作鞋进行消毒。消毒鞋靴有助于减少工作鞋携带微生物。对隔离区和生产区,要使用不同的工作靴,防止通过鞋靴机械地传播疾病。

2. 外来人员管理

由于外来人员身上可能携带一定的病菌,所以养殖场一般是不允许随意参观的。除本场(或舍)内饲养人员外,其他所有人员一律禁止进入生产区。特定情况下,参观人员在淋浴和消毒后穿戴工作服才可进入。所有出入生产区的人员一律实行登记制度,登记表要写明进入人员的身份、理由、时间、更衣、沐浴、消毒等情况。要保存来访人员的记录,严禁卖药、收死鸡、买鸡粪的外来人员入内。

3. 车辆管理

进出的车辆一定要消毒,来鸡场的车辆一般都是同行业的,所以,容易造成携带病菌感染鸡场。为此进出车辆需经过消毒池消毒,进场车辆建议用表面活性剂消毒液进行喷雾。携带入舍的器具和设施都是潜在的疾病来源。因此,只有必要的物品经过彻底清洗和消毒之后方可带入鸡舍。

(三)鸡苗控制

1. 来自健康鸡群

注意引种来源,不得从疫区购买雏鸡,雏鸡应来自有种鸡生产许可证,而且无鸡白痢、新城疫、禽流感、支原体、白血病的种鸡场,或由该类场提供种蛋所生产的经过产地检疫的健康雏鸡。一定保证鸡苗来自健康鸡群，对供鸡苗的种鸡群要定期检疫。

2. 来自合格的孵化场

从拣蛋到出雏，严格按消毒规程消毒，孵化场建立严格的消毒制度。

3. 严格鸡苗检疫

抽检鸡苗的垂直传染性疾病、种鸡或胚胎感染性疾病，母源抗体水平（新城疫、流感、法氏囊）的情况。

4. 严把鸡苗外表质量关

保证鸡苗孵化良好，健康活泼，大小均匀，无明显病症。

（四）严格控制其他传染源

第一，由于不同种鸡场鸡龄可能不同，接种疫苗种类也不同。因而，雏鸡的母源抗体水平有差异，不宜在一块饲养。一般来说，一栋鸡舍或全场的所有鸡只应来源于同一种鸡场，而不是这个鸡场数量不够，另外一个鸡场来凑。如果从多个鸡场进鸡，各个种鸡场的病就有可能聚集在同一鸡场，那时就不好消灭了。所以只能从一个种鸡场进雏鸡。

第二，肉鸡场要坚持采用全进全出制饲养肉鸡，即全场同时进鸡苗，同时全部出栏。这样做便于彻底清理，消毒，防止一边进鸡苗，一边卖鸡，引起疾病交叉感染。

第三，鸡群与鸡群之间的空舍时间可以减少鸡场的感染，空舍时间即为彻底完成清洗和消毒工作程序之后与下一批鸡群入舍之间的时间，一般鸡舍清理完毕到进鸡前空舍至少2周。空舍时应关闭并密封鸡舍防止野鸟和鼠类进入鸡舍。

第四，严防村庄散养鸡、鸭、鹅、犬、猫等畜禽进入生产区。另外，要注意，同一养禽场不能饲养其他禽类，以免交叉感染，更不能养鸟，或其他野禽。这些禽类可能是病毒的携带者，本身虽然不发病，但能将疾病传给鸡。禁止携带家禽及家禽产品进入场内。

三、隔离与消毒

隔离就是采取措施使病鸡及可疑病鸡不能与健康鸡接触。消毒就是采取各种可能的手段把传染源排在外界环境中的病原体消灭。两者都是切断传播途径，阻止疫病继续蔓延，防制肉仔鸡传染病的重要措施。

(一)隔　离

肉鸡大多数是群饲，同群的鸡只接触密切，病原体很容易通过空气、饲料、饮水、粪便、用具等迅速传播。因此，在一般情况下，隔离应以鸡群或鸡舍为单位，把已经发生传染病的鸡群内所有鸡只视为病鸡及可疑病鸡，不得再与健康鸡接触。视作隔离群或隔离舍的地域，应专人管理，禁止无关人员进入或接近，工作人员出入应遵守严格的消毒制度，用具、饲料、粪便等未经消毒处理，不得运出场外。对病鸡及可疑病鸡，应加强饲养管理，及时从饲料或饮水中投药治疗。如为新城疫、传染性喉气管炎等应用弱毒疫苗进行紧急免疫。同时，应进行紧急消毒，每天1次，连用6～7天，或直至病鸡完全恢复。

为了使传染病发生时鸡舍能达到较好的隔离状态，鸡场在没鸡时就应做好规划。鸡舍与鸡舍之间不能距离太近，前后排之间不应少于15米，较大的鸡场，应该把鸡舍分为若干单元，每个单元以林地围绕，使与其他养鸡场隔离。各单元有各自的出入路线，保持相对独立，每个独立单元只养一个日龄的鸡，定期清洁和消毒，并注意周围鸡场的疫情，以便及时采取控制措施。

(二)消　毒

消毒就是把病原微生物在入侵鸡体之前，于鸡体之外杀死，以减少和控制疾病的发生。消毒的特点是：第一，不受鸡体影响，可使用大剂量、高效的消毒剂；第二，药价便宜，可节省开支，降低成本；第三，减少药物残留，一般消毒剂不易造成肉内药物残留。但仍需注意消毒剂的危害和残留。消毒剂建议选择符合《中华人民共和国兽药典》里规定的高效低毒和低残留的消毒剂。

根据消毒目的不同，可以把消毒分为预防性消毒、应急消毒和终末消毒。预防性消毒是在正常情况下，为了预防肉仔鸡传染病的发生所进行的定期消毒。应急消毒是在传染病发生时，为了及时消灭由病鸡排出于外界环境中的病原体而进行紧急消毒。终末消毒是在传染病扑灭后，为消灭可能残留于疫区内的病原体所进行的全面消毒。

根据消毒的方法不同，可分为机械性消除、物理消毒法、化学消毒法及生物消毒法。

1.机械性消除

用机械的方法，如清扫、冲洗、洗擦、通风等手段以清除病原体为目的，是最常用的一种消毒方法，也是日常卫生工作内容之一。机械清除并不能杀灭病原体，但可使环境中病原体的量大大减少，这种方法简单易行，而且使环境清洁、舒适。从病鸡体内排出的病原体，无论是从咳嗽、喷嚏排出的，还是从分泌物、排泄物及其他途径排泄出的，一般都不会单独存在，而是附着于尘土及各种污物上，通过机械消除，环境内的病原体会大量减少。为了达到彻底杀灭病原体的目的，必须把清扫出来的污物及时进行掩埋、焚烧或喷洒消毒药物。

2.物理消毒法

物理消毒常用的方法有：高温、干燥、紫外线等。

高温是最常用且效果最确实的物理消毒法，它包括巴氏消毒、煮沸消毒、蒸汽消毒、火焰消毒、焚烧。

煮沸消毒是应用广泛、效果良好的消毒法，多用于物品的消毒。一般细菌在 100℃开水中 3~5 分钟即可被杀死,煮沸 2 小时以上,可以杀死一切传染病的病原体。如能在水中加入 0.5%火碱或 1%~2%小苏打,可加速蛋白脂肪的溶解脱落,并提高沸点,从而增加消毒效果。

蒸汽具有较强的渗透力,高温的蒸汽透入菌体,使菌体蛋白变性凝固,微生物因之死亡。饱和蒸汽在 100℃时经过 5~15 分钟,就可以杀死一般芽孢型细菌。蒸汽消毒按压力不同可分为高压蒸汽消毒和流通蒸汽消毒两种。高压蒸汽消毒主要用于实验室用品的消毒。

紫外线照射也是养鸡场常用的消毒方法。在紫外线照射下,使病原微生物的核酸和蛋白发生变性。应用紫外线消毒时,室内必须清洁,最好能先洒水后再打扫,人离开现场,消毒的时间要求在 30 分钟以上。多用于更衣室、化验室。

火焰消毒法常用于鸡场设备的消毒,如用火焰喷枪消毒笼架。

3. 化学消毒法

化学消毒法是指用化学药物把病原微生物杀死或使其失去活性。能够用于这种目的的化学药物称为消毒剂。理想的消毒剂应对病原微生物的杀灭作用强大,而对人、肉仔鸡的毒性很小或无,不损伤被消毒的物品,易溶于水。消毒能力不因有机物存在而减弱,价廉易得。化学消毒剂包括多种酶类、碱类、重金属、氧化剂、酚类、醇类、卤素类、挥发性烷化剂等。它们各有特点,在生产中应根据具体情况加以选用,下面介绍几种肉仔鸡生产中常用的消毒剂:

(1)碱类　用于消毒的碱类制剂有苛性钠、苛性钾、石灰、草木灰、苏打等。碱类消毒剂的作用强度决定于碱溶液中 OH^- 浓度,浓度越高,杀菌力越强。

由于碱能腐蚀有机组织,操作时要注意不要用手接触,穿戴防护眼镜、手套和工作服,如不慎溅到皮肤上或眼里,应迅速用大量清水冲洗。

①氢氧化钠　也称苛性钠或火碱，是很有效的消毒剂，2% ~ 4%的溶液可杀死病毒和繁殖体，常用于禽舍及用具的消毒。本品对金属物品有腐蚀作用，消毒完毕必须及时用水冲洗干净，对皮肤和粘膜有刺激性，应避免直接接触人、家禽。用氢氧化钠消毒时常将溶液加热，热并不增加氢氧化钠的消毒力，但可增强去污能力，而且热本身就是消毒因素。

②石灰　石灰是价廉易得的良好消毒药，使用时应加水使之生成具有杀菌作用的氢氧化钙。石灰的消毒作用不强，1%石灰水在数小时内可杀死普通繁殖型细菌，3%石灰水经1小时可杀死沙门氏菌。

实际工作中，一般用20份石灰加水100份配成20%的石灰乳，涂刷墙壁、地面，或直接加石灰于被消毒的液体中，撒在阴湿地面、粪池周围及污水沟等处进行消毒。消毒粪便可加等量2%石灰乳，使接触至少2小时。石灰必须在有水分的情况下才会游离出 OH^-，发挥消毒作用。在禽场、禽舍门口放石灰干粉并不能起消毒鞋底的作用。相反由于人的走动，使石灰粉尘飞扬，当石灰粉吸入家禽呼吸道或溅入眼内后，石灰遇水生成氢氧化钙而腐蚀组织粘膜，结果引起鸡群气喘、甩鼻和红眼病。较为合理的应用是在门口放浸透20%石灰乳的湿草包，饲养管理人员进入禽舍时，从草包上通过。石灰可以从空气中吸收二氧化碳，生成碳酸钙，所以不宜久存，石灰乳也应现用现配。

(2)氧化剂　氧化剂是使其他物质失去电子而自身得到电子，或供氧而使其他物质氧化的物质。氧化剂可通过氧化反应达到杀菌目的。

①高锰酸钾　高锰酸钾抗菌作用较强，但在有机物存在时其作用显著减弱。各种微生物对高锰酸钾的敏感性差异较大，一般来说0.1%的浓度能杀死多数细菌的繁殖体，2% ~ 5%溶液在24

小时内能杀灭芽孢,在酸性溶液中,它的杀菌作用更强。如含1%高锰酸钾和1.1%盐酸的水溶液能在30秒内杀灭芽孢。它的主要缺点是易被有机物分解,还原为无杀毒能力的二氧化锰。

②过氧乙酸　过氧乙酸的消毒作用主要依靠它的强大氧化能力杀灭病原微生物,对各种细菌繁殖体、芽孢、病毒等都有很强的杀灭效果,较低的浓度就能有效地抑制细菌、霉菌繁殖。常用消毒剂量是:0.5%水溶液喷洒消毒禽舍、饲槽、车辆等。0.04%~0.2%溶液用于塑料、玻璃、搪瓷和橡胶制品的短时间浸泡消毒,5%溶液每立方米2.5毫升喷雾消毒密闭的试验室、无菌间、仓库等,0.3%溶液每立方米空间喷雾需30毫升,带鸡消毒鸡舍。过氧乙酸是广谱高效杀菌剂,作用快而强。它能杀死细菌、霉菌、芽孢及病毒,0.05%的溶液2~5分钟可杀死金黄色葡萄球菌、沙门氏菌、大肠杆菌等一般细菌,1%的溶液10分钟可杀死细菌芽孢。

(3)卤素类　这类药物不同于其他抗菌药物,它们没有严格的抗菌谱,对微生物与机体间也无明显的选择作用,只存在差异,是一类较能迅速杀灭微生物的药物。

①漂白粉　漂白粉也叫含氯石灰,是次氯酸钙、氯化钙和氢氧化钙的混合物,灰白色固体状,有强烈的氯臭。能部分溶于水,其主要有效成分为氯,一般含25%~30%,暴露在空气中易吸潮分解并放出氯,使药用价值降低。漂白粉是水产养殖中一种廉价和广泛使用的强大杀菌剂和消毒剂。药浴和泼洒均很方便,能预防和治疗多种微生物引起的疾病。

②次氯酸钙　又称漂粉精。白色或灰白色粉末或固体状。溶于水,水溶液呈碱性。含有效氯60%~70%或80%~85%(高效漂粉精),有氯臭。其杀菌、消毒作用比漂白粉大2~3倍,药效较为稳定。本品和漂白粉均有腐蚀性(对金属、织物等),对皮肤有刺激性,水溶液久存易失效,遇易燃、易爆物质可引起爆炸。

(4)酚类消毒剂　酚类消毒以复合酚使用最为广泛,呈酸性反应,具有很浓的来苏儿味,是新型广谱、中等效力的消毒剂,可杀灭细菌、霉菌和病毒,主要用于禽舍、笼具、场地、车辆消毒,用法用量是喷洒浓度为 0.35% ~ 1% 的水溶液,严重污染的环境可以适当加大浓度,增加喷洒次数,由于本品为有机酸,因此,禁止与碱性药物及其他消毒药物混用。

(5)挥发性烷化剂类 甲醛:甲醛无论在气态或溶液状态下均能凝固蛋白质、溶解类脂,还能与氨基结合而使蛋白质变性。因此具有较强大的广谱杀菌作用,对细菌繁殖体、芽孢、真菌和病毒均有效。消毒方法:一是熏蒸消毒,适用于室内、器具的消毒,每立方米空间用甲醛溶液 20 毫升加等量水,然后加热使甲醛变为气体熏蒸消毒,温度应不低于 15℃,相对湿度 60% ~ 80%,消毒时间为 8 ~ 10 小时;二是用 2% 水溶液,用于地面消毒,用量为每 100 平方米 13 毫升。

(6)表面活性剂

①新洁尔灭(溴化苄烷胺) 淡黄色胶状物质,吸湿性极强,有特异臭,味极苦。易溶于水、乙醇,微溶于丙酮,不溶于乙醚。水溶液呈碱性反应,振摇时能产生大量泡沫。水溶液能耐热,可贮存较长的时间而药力不减。

②百毒杀 成分为双链季胺盐化合物,百毒杀对各种细菌、病毒、霉菌、藻类均有杀灭作用,由于本品对人和鸡无毒,无刺激性和无副作用,使用方法较多,可用于喷雾消毒、饮水消毒等多种消毒方式。

4. 鸡场的卫生消毒要求

(1)进鸡前的消毒 新建鸡场进鸡前,要求舍内干燥后,屋顶、地面用消毒剂消毒 1 次。饮水器、料桶、其他用具等充分清洗消毒。使用过的鸡场进鸡前,彻底清除一切物品,包括饮水器、料桶、网架或垫料、支架、粪便、羽毛等。彻底清扫鸡舍地面、窗台、屋顶以及每一个角落,然后用高压水枪由上到下,由内向外冲洗。要求无鸡毛、鸡粪和灰尘。待鸡舍干燥后,先用适当浓度的火碱水消毒1次,或用10%石灰乳消毒剂粉刷墙面,干燥后再用酚类、卤素类消毒剂从上到下整个鸡舍喷雾消毒1次。撤出的设备,如饮水器、料桶、垫网等用消毒液浸泡30分钟,然后用清水冲洗,置阳光下暴晒2~3天,搬入鸡舍。进鸡前6天,封闭门窗,用福尔马林(每立方米用高锰酸钾21克,福尔马林42毫升)熏蒸24小时(温度20℃~25℃,湿度80%)后,通风2天,此后人员进鸡舍,必须换工作服、工作鞋,脚踏消毒液。

(2)日常消毒　鸡舍门口设脚踏消毒池(长宽深分别为0.6米、0.4米、0.08米)或消毒盆,消毒池选用煤酚皂溶液或2%氢氧化钠溶液,每周更换1次。工作人员进入鸡舍,必须洗手、脚踏消毒剂、穿工作服、工作鞋,洗手消毒剂多用新洁尔灭、过氧乙酸、来苏儿,工作服不能穿出鸡舍,饲养期间每周至少清洗消毒1次。器械用具多选用0.1%新洁而灭和0.2%~0.5%过氧乙酸进行消毒,然后再在密闭的室内用福尔马林熏蒸消毒30分钟以上。

鸡舍周围每2~3周,用2%火碱液消毒或撒生石灰,场周围及场内污水池、排粪坑、下水道口,1~2个月用漂白粉消毒1次。

鸡舍工作间每天清扫1次,舍内至少1周消毒1次。要准确计算单位面积或空间的消毒用药量,每次消毒结束要监测消毒效果。舍内消毒建议使用符合《中华人民共和国兽药典》规定的高效、低毒和腐蚀性低的消毒剂如卤素类、表面活性剂。

从4周龄起(一般不低于10天)交替选用0.2%~0.3%的过氧乙酸、0.1%~0.3%的次氯酸钠、4%来苏儿或0.15%的新洁尔灭用高压喷雾器定期喷雾消毒,雾粒直径为80~100微米,不可小于50微米,喷雾量按每立方米空间约15毫升计算,每次喷雾消毒间隔时间可根据鸡舍内的污染情况及周围疫情而定,一般鸡舍坚持每周带鸡喷雾消毒1次,但免疫前后3天不可带鸡消毒。

带鸡消毒的注意事项是:①鸡舍每天打扫,及时清除粪便污物和灰尘，以免降低消毒质量。②带鸡消毒时，喷口不可直射鸡，药液的浓度和剂量一定要掌握准确。喷雾程度以地面、墙壁、屋顶均匀湿润和鸡体稍湿为宜。③消毒液的温度要适当，高温育雏，或寒冷的冬季用自来水直接稀释喷雾，易使鸡体突发感冒，水温应提前加热到室温。④气体喷雾造成鸡舍、鸡体表潮湿，过后要开窗通气，促其尽快干燥。⑤鸡舍应保持一定的温度，尤其是雏鸡时的喷雾，要将舍温比平时温度提高3℃，使被喷湿的雏鸡得到适宜的温度，及时驱湿、驱寒，以免雏鸡受冷挤堆压死。⑥消毒剂的交换使用，每两周换1次。单一消毒剂长期使用，杀灭率有所下降。⑦鸡群接种弱毒疫苗前后1～2天内停止喷雾消毒。

(3)出鸡后的消毒　鸡舍在一批鸡饲养结束鸡舍腾空后，要进行彻底的清扫。应及时清理鸡粪、垫料，然后用高压水枪冲洗，空舍干燥3天，再用4%来苏儿、0.1%新洁而灭、过氧乙酸、次氯酸钠药液喷洒浸泡，可连续消毒2次。必要时可用火焰消毒1次，再关闭门窗用福尔马林熏蒸消毒(每立方米空间用福尔马林28毫升，高锰酸钾14克混合熏蒸)。鸡舍的所有器具可用0.3%过氧乙酸或0.1%高锰酸钾浸泡清洗、晾干。鸡舍清理完毕至少空舍两周后方可投入使用。

四、免疫接种

有计划的免疫接种，是预防和控制肉鸡传染病的重要措施之一。通过免疫接种，使机体产生对疾病特异性的抵抗力，尤其是对病毒性的传染病，减少疾病带来的损失，也减少由于用药造成的药物残留问题，而且免疫接种的费用也远比药物防治的费用低，下面仅从制定免疫程序和计划的基本原则、疫苗的选择和使用、免疫接种的途径和方法、免疫程序的制定及免疫接种失败的原因对肉鸡的免疫接种进行阐述。

（一）程序与原则

免疫接种是一项科学性极强的工作，任何小的失误都可能引起严重的后果，甚至造成全场停产。所以在每批肉鸡生产周期开始之前，必须首先制定好相应的免疫计划，供生产过程中参照执行。计划中应包括对具体每种传染病的免疫程序，所用疫苗的种类、品系、来源、用法、用量，以及接种时间、顺序和次数等内容。制定免疫程序和计划时，应该从本场的实际情况出发，参考下列基本原则进行。

第一，掌握本地区和种雏供应地区的鸡病流行特点，以及本场疫情的历史和现状，将直接威胁生产，需要重点防范的疫病列入免疫计划。但对当地尚未发生的疾病，不要轻易引入疫苗，尤其是强毒型活疫苗。否则，很容易造成病原扩散，对血清学监测也会产生干扰。

第二，科学的免疫程序应建立于免疫监测的基础上，有条件的鸡场应根据免疫的结果确定免疫时机，无条件的鸡场可请教当地兽医或参考其他鸡场的免疫程序。

第三，对疫苗的效力、产地和使用要求应事先了解清楚。养鸡场（尤其是大型养鸡场）对自己没有使用过的疫苗，如确实要用，应先进行小规模预试验，确实安全和有效后再大规模推广，以免造成难以挽回的损失。对本场的饲养管理水平和待免疫鸡群的健康状况要有一个正确的评价，以便于实施免疫计划。

第四，一套免疫程序和计划在运用一段时间后，需要根据免疫效果对其进行可行性评估，并做适当调整。

（二）选择与使用

无公害肉鸡所用的生物制品，应是国家定点生产的、有正式批准文号的产品，不得应用任何中试产品，使用国外生物制品时应注意该产品是否在中国农业部注册，只有注册后才被允许使用。不合格的生物制品可造成疾病的感染传播、有害物的残留。

选择疫苗时，首先要考虑当地疫病的流行情况，流行程度轻的地区可用比较温和的疫苗类型，如 NDHitchner B_1 株和 Lasota 弱毒疫苗，而疫病严重地区则应选择效力较强的疫苗类型，如 ND(新城疫)I 系苗。对强毒疫苗(ILT 强毒)应该尽可能避免使用。

其次要考虑疫苗的类型。一般来讲弱毒活苗可以提供强而持久的免疫力，使用途径多、用量少、成本低，很适合在常规免疫中使用。而灭活苗无毒力残留、制备方便、毒株或菌株之间相互干扰少、受母源抗体和环境条件(如消毒剂)的影响也小，但由于只能采取注射途径，用量大、成本较高，所以普遍用于加强免疫。另外，对一些不易得到弱毒菌株或疫苗株的病以及突发疫病，也常通过使用自家灭活苗加以控制。有专家认为，对付 ILT 这类即使弱毒株也存在散毒危险的病，最好使用灭活疫苗或基因工程疫苗。用同一种疫苗重复免疫时应按照先活苗后灭活苗，先弱毒苗后强毒苗的顺序安排。如 ND 疫苗先用克隆 30 弱毒苗，后用 I 系油乳剂灭活苗；IB 疫苗先用 H_{120}，后用 H_{52}等。

再者，要根据免疫计划合理选用多联苗和多价苗。

在疫苗的使用方面，主要应注意四方面的问题：

第一，在冷暗环境中运输和保存。冻干苗和湿苗需要在 -20℃ ~ 0℃(进口冻干苗一般为 2℃ ~ 8℃)保存；细胞结合型疫苗(如 MDCVI 988)应在液氮中保存；灭活苗则需 2℃ ~ 15℃保存，并且避免冻结。即使在稀释和使用过程中，所有疫苗均不得受到阳光的直射或靠近热源。

第二，合理稀释与定量。有的疫苗可用生理盐水或蒸馏水稀释，有的疫苗(如 MD 细胞苗)须用指定的稀释液。除了饮水和气雾免疫时，可在稀释液中加入 0.1% ~ 0.3% 的脱脂乳以保护疫苗外，不要随便加入抗菌(抗病毒)药物或其他物质(如消毒剂)，也不要随便将不同疫苗混合接种。稀释疫苗时剂量需准确,并无菌操作。稀释好的疫苗注意冷藏并在规定时间内尽快用完。

第三,正确使用。应严格按照生产厂家的疫苗说明或使用手册执行,不要随便改变疫苗标定的接种途径。使用活毒疫苗时应注意提前停用消毒剂,使用细菌性弱毒疫苗则要提前停用抗生素。

第四,做好免疫接种的详细记录(包括疫苗种类、来源、接种方法、操作人员等),以及接种后(一般为7~14天)的效果监测。

(三)接种方法

常用的免疫接种方法包括饮水、滴鼻、点眼、喷雾、注射和刺种等。只要严格按照生产厂家推荐的程序进行,都不会出什么问题。灭活苗只能用注射的方法,而对活苗来讲,可选择的接种途径较多。

1. 饮水免疫法

对饮水健康鸡群,冬季饮水免疫前4小时、夏季饮水免疫前2小时要停止给水,使鸡群有渴感。饮水器要反复冲洗干净后,再用凉开水冲洗一遍,确保无残留消毒剂或异物。用凉开水(蒸馏水或深井水)稀释疫苗后,再加入0.1%的脱脂奶粉。最好在早晨饮水免疫,防止阳光照射,1小时内饮完,再过0.5小时方可喂料。免疫前48小时和24小时内不准饮高锰酸钾水及使用其他消毒剂。此法适合鸡新城疫Ⅱ、Ⅳ系和法氏囊等弱毒疫苗的接种。

2. 滴鼻点眼法

将500只剂量的疫苗用25毫升生理盐水或蒸馏水稀释摇匀。在滴入疫苗之前,应把鸡的头颈摆成水平的位置(一侧眼鼻朝天,另一侧眼鼻朝地),并用一只手指按住向地面一侧眼鼻,用标准滴管(眼药水塑料瓶也可以)在鸡的眼、鼻孔各滴一滴(约0.05毫升),稍停片刻,待疫苗液确已吸入后再将鸡轻轻放回地面,为减少应激,最好在晚上进行。此法适合雏鸡的鸡新城疫Ⅱ、Ⅲ、Ⅳ系疫苗和传支、传喉等弱毒疫苗的接种。

3. 肌内注射法

按每只鸡0.5～1毫升的剂量将疫苗用生理盐水稀释，用注射器(水剂苗用2号针头，油乳剂苗用9号针头)注射于腿、胸或翅膀肌肉内。注射腿部应选在腿外侧无血管处，顺着腿骨方向刺入，防止刺伤血管神经；注射胸部应将针头与胸骨大致平行，防止垂直刺入伤及内脏；2月龄以上的鸡可以注射翅膀肌内，选翅根肌肉多的地方注射。其深度为雏鸡0.5～1厘米，较大鸡1～2厘米。此法适合鸡新城疫Ⅰ系疫苗、油苗及禽霍乱弱毒苗或灭活疫苗。

4. 皮下注射法

将1 000只鸡剂量的疫苗稀释于200毫升专用稀释液中摇匀后，在鸡颈部背侧皮下注射0.2毫升，注射时应捏起皮肤刺入注射，防止伤及鸡颈部血管、神经。此法适合鸡马立克疫苗接种。

5. 刺 种 法

将1 000只鸡剂量的疫苗，用25毫升生理盐水稀释，充分摇匀后，用蘸笔尖或接种针蘸取疫苗，在鸡翅膀内侧无血管处刺种，20日龄内雏鸡刺1针，大鸡刺2针。刺种接种后5～7天可观察刺种部位，若有小肿块或红斑表明免疫成功，否则需要重新刺种。此法适合于鸡新城疫Ⅰ系和鸡痘疫苗的接种。

6. 气雾免疫法

喷雾前关闭通风孔，将1 000只鸡剂量的疫苗加无菌蒸馏水150～300毫升稀释后，用喷雾器(枪)喷于存养500只鸡的鸡舍空中，通过鸡呼吸进入体内。要求气雾喷射均匀，喷头离鸡头1.5米，喷雾20分钟后再打开通气孔。免疫后须在饲料中加入抗菌素，防止发生气囊炎。此法适合鸡新城疫Ⅱ、Ⅲ、Ⅳ系疫苗和传支疫苗的接种。

总之，鸡群免疫接种除保证免疫程序合理、疫苗质量合格、首免时间理想、剂量准确、饲养管理合理等条件外，免疫途径至关重要。免疫途径的选择应以能刺激机体产生良好的免疫应答为原则，应该注射的不能改为饮水，皮下注射的最好不肌内注射。

（四）失败原因

鸡群经免疫接种后，未达到预期的保护效果，仍发生相应疫病的现象统称为免疫接种失败。

1. 疫苗方面

首先是疫苗过期以及疫苗制备不合要求，如抗原含量不足，使用非 SPF 动物及其胚或细胞制苗而导致强毒的混入。其次，是运输保管不当造成疫苗的失效。再者，对主要病原诊断不清以及野毒发生变异，出现超强毒株或新血清型，使以前所用的疫苗毒株发挥不了保护作用。

2. 病原方面

对于高度传染的疾病（如 ND、高致病力 AI 等），只要鸡群中有少数保护力低的鸡只，以及强毒株的存在，就很容易造成该病的暴发和流行。而有些病原（如 AIV、IBV、大肠杆菌等）具有变异快、亚型或血清型多的特点，它们在环境的选择压力下，经常通过抗原性、致病性和组织亲嗜性等方面的细微变化，摆脱或部分摆脱传统疫苗株的保护作用。另外，类似寄生虫这种结构复杂、抗原成分多，但免疫原性却较弱的病原，仅靠疫苗来抵抗是远远不够的。

3. 宿主方面

由于群体中每一个体的免疫应答水平不同，倾向于正态分布，所以再好的疫苗，在群体免疫中也不可能达到 100% 的保护，正常情况下，只能保证大多数动物的免疫力足以抵抗强毒攻击。群体中这种免疫应答水平的不齐性给了强毒感染以可乘之机，同时也使得后代母源抗体水平不整齐，并影响后代的主动免疫。对雏鸡来讲，免疫系统发育的不完善，特别是高水平母源抗体影响，是造成免疫失败的主要原因之一。另外，患有先天性免疫缺陷的鸡，以及因为营养状况不佳、感染传染性法氏囊病(IBD)、马立克氏病(MD)、生理活动高峰期等因素诱发免疫抑制的鸡群,对疫苗接种很敏感,容易导致某些处于潜伏期或条件性的传染病暴发。因此,免疫接种应该在鸡群健康状态良好时进行。正在发病的鸡群,除了那些已经证明紧急预防接种有效的疫苗(NDI系)和高免血清或高免卵黄抗体外,不应进行免疫接种。

4. 人为因素

一方面是指肉鸡饲养管理及卫生消毒工作没有抓好,使得环境中病原污染严重,鸡群健康状况不佳;另一方面是指免疫接种的计划到实施过程中出现疏漏环节。例如免疫程序混乱,接种途径选择不当,疫苗稀释差错,接种剂量不准或漏接、错接,以及使用抗生素或消毒剂使疫苗失效、免疫失败。

(五)商品肉鸡的免疫程序

商品肉鸡的免疫程序见表6-1,表6-2,表6-3。

表6-1 适用于鸡新城疫清净地区安全鸡场

序号	鸡的日龄	免疫项目	疫苗名称	用法用量	说明
1	4	传染性支气管炎	H_{120}	点眼、滴鼻或饮水	亦可用肾病变型油苗一次肌注
2	10	鸡新城疫	Ⅱ系、Ⅳ系或N_{79}	同 上	
3	18	传染性法氏囊病	中等毒力弱毒苗	同 上	
4	28	传染性法氏囊病	中等毒力弱毒苗	同 上	
5	30	传染性支气管炎	H_{52}	同 上	
6	35	鸡新城疫	Ⅱ系、Ⅳ系或N_{79}	同 上	

表 6-2 适于新城疫流行地区的鸡场

日 龄	项 目	疫苗名称	用法用量
7	新城疫,传染性支气管炎	$H_{120}+N_{79}$	1倍量混合滴鼻点眼
14	鸡传染性法氏囊病	法氏囊中毒苗	1倍量饮水免疫
21	新城疫	N_{79}	3倍量饮水免疫
30	新城疫	N_{79}	3倍量饮水免疫

表 6-3 优质肉鸡的免疫程序

日 龄	疫苗种类	免疫方法
1	马立克氏病疫苗	颈部皮下注射
7~10	新城疫-传支-肾传支三联苗	点眼、滴鼻
12~15	法氏囊病疫苗	饮水、滴鼻
20~22	法氏囊病疫苗	饮水、滴鼻
25~28	新城疫-传支-肾传支三联苗,同时注射新城疫油苗	点眼、滴鼻,同时颈部皮下注射0.3~0.5毫升/只
30~35	鸡痘疫苗	刺 翅
40~45	鸡传染性喉气管炎疫苗(疫区使用)	点 眼
55~60	新城疫-传支二联苗,同时注射新城疫油苗	点眼、滴鼻,颈部皮下注射0.5毫升/只

五、废弃物的无公害处理

鸡场卫生包括鸡舍卫生和鸡场环境卫生。鸡舍卫生包括:清除舍内污物,保持舍内空气清洁。环境卫生指定期打扫鸡舍四周,清除垃圾、洒落的饲料和粪便。

据测定，一个饲养10万只鸡的工厂化养鸡场，每天产鸡粪可达10吨，年产鸡粪达3 600多吨。据联合国粮农组织20世纪80年代估测，全世界每年仅鸡粪总量就达460亿吨，这些鸡粪若处理不当，则是一个相当大的环境污染源。一方面，如果处理不当，不仅会破坏周围的生态环境，也会破坏养鸡场的生态环境（水、土、气），丧失生产无公害鸡肉的生态环境条件；另一方面，由于环境污染造成的病原微生物的蓄积、污染，使养殖场的疾病增多、难以控制，不得不使用大量药物，造成了药物残留。某些人畜共患疾病的载体主要是畜禽粪便及排泄物，这些污染物可直接对人的健康造成损害。因此，无公害肉鸡的生产更应该注重环境污染的预防和控制。

养鸡场废弃物主要包括：鸡粪和鸡场污水；生产过程及产品加工废弃物，如死胎、蛋壳、羽毛及内脏等残屑；鸡的尸体，主要是因疾病而死亡的鸡只；废弃的垫料；鸡舍及鸡场散发出的有害气体、灰尘及微生物；饲料加工厂排出的粉尘等。

(一)鸡粪的无公害处理

1. 干燥法

(1)直接干燥法　常采用高温快速干燥，又称火力快速干燥，即用高温烘干迅速提取湿鸡粪中水分的处理方法。在干燥的同时，达到杀虫、灭菌、除臭的作用。

(2)发酵干燥法　利用微生物在有氧条件下生长和繁殖，对鸡粪中的有机和无机物质进行降解和转化，产生热能，进行发酵，使鸡粪容易被动、植物吸收和利用。由于发酵过程中产生大量热能，使鸡粪升温到60℃～70℃以上，再加上太阳能的作用，可使鸡粪中的水分迅速蒸发，并杀死虫卵病菌，除去臭味，达到既发酵又干燥的目的。

(3)组合干燥法　即将发酵干燥法与高温快速干燥法相结合。

既能利用前者能耗低的优点,又能利用后者不受气候条件的影响。

2. 发酵法

即利用厌氧和好氧菌使鸡粪发酵的处理方法。

(1)厌氧发酵(沼气发酵) 这种方法适用于处理含水量很高的鸡粪。一般经过两个阶段,第一阶段是由各种产酸菌参与酸发酵液化过程,即复杂的高分子有机质分解成分子量小的物质,主要是分解成一些低级脂肪酸;第二阶段是在第一阶段的基础上,经沼气细菌的作用变换成沼气。沼气细菌是厌氧细菌,所以在沼气发酵过程中必须在完全密闭的发酵罐中进行,不能有空气进入,沼气发酵所需热量要由外界提供。厌氧发酵产生的沼气可作为居民生活用气,也可以烘干沼渣生产肥料。

(2)快速好氧发酵法 利用鸡粪本身含有的大量微生物如酵母菌、乳酸菌等,或采用专门筛选出来的发酵菌种,进行好氧发酵。通过好氧发酵可改变鸡粪品质,使鸡粪熟化并杀虫灭菌除臭。

3. 其他处理方法

(1)燃烧处理法 将鸡粪燃烧消除污染并产生一定可用热量的处理方法。

(2)微波法 应用大功率的微波加热器使鸡粪灭菌干燥。

(二)污水的无公害处理

除鸡粪以外,养鸡场污水对环境的污染也相当严重。因此,污水处理工程应与养鸡场主建筑同时设计、同时施工、同时运行。

养鸡场的污水来源主要有四条途径:一是生活用水;二是自然雨水;三是饮水器终端排出的水和饮水器中剩余的污水;四是洗刷设备及冲洗鸡舍的水。尤其是后二条更应严格处理。

养鸡场污水处理基本方法和污水处理系统多种多样,有沼气处理法、先经过预处理再通过人工湿地分解法、生态处理系统法等,各场可根据本场具体情况选择应用。下面介绍一种处理法,详见图 6-1。

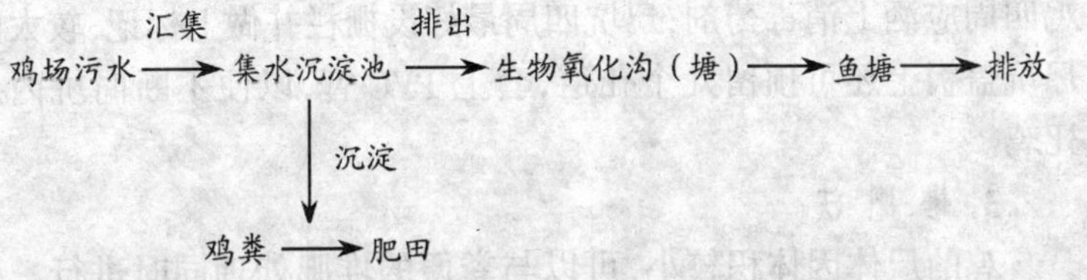

图 6-1　养鸡场污水处理流程图

全场的污水经各支道汇集到场外的集水沉淀池，经过沉淀，鸡粪等固形物留在池内，污水排到场外的生物氧化沟(或氧化塘)，污水在氧化沟内缓慢流动，其中的有机物逐渐分解。据测算，氧化沟尾部的污水 COD(化学需氧量)可降至 200 毫克/升左右，这样的水再排入鱼塘，剩余的有机物经进一步矿化作用，为鱼塘中水生植物提供肥源，COD 可降至 100 毫克/升以下，符合污水排放标准。

(三)死鸡的无公害处理

在养鸡生产过程中，由于各种原因使鸡死亡的情况时有发生。如果鸡群暴发某种传染病，则死鸡数会成倍增加。这些死鸡若不加处理或处理不当，尸体能很快分解腐败，散发臭气。特别应该注意的是患传染病死亡的鸡，其病原微生物会污染大气、水源和土壤，造成疾病的传播与蔓延。死鸡的处理可采用以下几种方法。

1. 高温处理法

即将死鸡放入特设的高温锅(5 个大气压，150℃)内熬煮；也可用普通大锅，经 100℃以上的高温熬煮处理，均可达到彻底消毒的目的。对于一些危害人畜健康且因患烈性传染病死亡的鸡，采取焚烧法不失为一种完善的消毒方法。

2. 土埋法

这是利用土壤的自净作用使死鸡无害化。采用土埋法，必须遵守卫生防疫要求，即尸坑应远离鸡场、鸡舍、居民点和水源；掩埋深度不少于2米;必要时尸坑内四周应用水泥板等不透水砌严;死鸡四周应洒上消毒药剂;尸坑四周最好设栅栏并做上标记;较大的尸坑盖板上还可预留几个孔道,套上PVC管,以便不断向坑内扔死鸡。

3. 堆 肥 法

鸡的尸体因体积较小,可以与粪便的堆肥处理同时进行。死鸡与鸡粪进行混合堆肥处理时,一般按1份(重量)死鸡配2份鸡粪和0.1份秸秆的比例较为合适。在发酵室的水泥地面上,先铺上30厘米厚的鸡粪,然后加上一层厚约20厘米的秸秆,最后放死鸡,死鸡层还要加适量的水,以此规律逐层堆放。这是一种需氧性堆肥法,对于患传染病死亡的鸡尸体来说,一般不用此法处理,以保证防疫上的安全。

(四)垫料的无公害处理

肉鸡常在垫料上饲养,清除的垫料实际上是肉鸡粪与垫料的混合物,对这种混合物的处理可采用如下几种方法:

1. 窖贮或堆贮

鸡粪和垫料的混合物可以单独地"青贮"。为了使发酵作用良好,混合物的含水量应调至40%。否则,鸡粪的粘性过大会使操作非常困难。混合物在堆贮的第四天至第八天,堆温达到最高峰(可杀死多种杆菌),保持若干天后,逐渐与气温平衡。

2. 直接燃烧

如果鸡粪垫料混合物的含水率在30%以下,就可以直接燃烧,作为燃料来供热,同时满足本场的热能需要。当然,鸡粪垫料混合物的直接燃烧需要专门的燃烧装置。如果养鸡场暴发某种传染病,此时的垫料必须用燃烧法进行处理。

3. 生产沼气

沼气生产的原理与方法请参见鸡粪的处理。用鸡粪做沼气原料，一般需要加入一定量的植物秸秆以增加碳源，而用鸡粪垫料混合物做沼气原料，由于其中已含有较多的垫草，碳氮比例较为合适，做沼气原料使用起来十分方便。

《无公害食品　肉鸡饲养管理准则》中规定：清除的粪便和垫料可在固定地点进行高温堆肥处理，堆肥池应为混凝土结构，并有房顶。粪便经发酵后应作农业用肥。

六、药物防治及药物残留控制

在与疾病的抗争中，药物不仅是治疗肉仔鸡传染病的重要武器，而且许多药物也是预防鸡病的添加剂。它们对肉鸡生长有调节代谢、促进生长、改善消化吸收、提高饲料利用率等作用。因此，越来越多的药物正应用于肉鸡生产中，成为综合性防治措施的一个重要组成部分。

(一)药物应用

1. 预防用药

根据鸡场的具体情况，选择添加抗生素和抗球虫类药物，有利于抑制体内病原微生物或寄生虫的繁殖，达到防病之目的。在实际应用中，考虑到雏鸡的抵抗力较弱，抗生素常用于1~2周龄的雏鸡，除了预防疾病外，有些药物的促生长效果也较好。可根据鸡场发病的一般规律，预先添加抗生素或抗寄生虫药物进行预防，但为了控制药物残留，避免对人体造成不良影响，除了尽量少用、严格控制剂量外，还应该按无公害肉鸡饲养规定用药的种类和停药期用药。

2. 抗应激用药

应激是动物机体对任何不良条件的刺激所产生的非特异性生理对抗反应。当鸡群处于应激状态时，机体即动用体内一切能力进行对抗,这样机体对某些营养成分的需求急剧增加,尤其是对维生素的需求量增大。此时机体的抵抗力下降,易于诱发其他疾病。由于现代大型鸡场的规模化程度很高,发生各种应激的因素相应较多。因此,要尽量防止和减少应激状态的发生。当预防接种、气候突变、饲料变换等引起应激时,要及时补充营养物质,添加高于饲养标准1~2倍的维生素和适量的抗菌药物,以使鸡群尽快适应,减轻应激反应。

3. 治疗用药

由于肉鸡生长迅速,抵抗力相对较弱,加上饲养密度较高等因素,更易使机体抵抗力进一步下降。若病原微生物或寄生虫等乘虚而入,则易引起鸡群疾病的暴发。一旦疾病发生时,须立即采取相应的紧急措施,除了必要的隔离消毒淘汰外,还应在兽医的指导下,针对病因,有的放矢地选择抗生素类、磺胺类、抗寄生虫药物等进行治疗,促进鸡只恢复健康。通过药物敏感实验,明确高敏药物,同时考虑较少的不良反应。必须引起注意的是,药物的使用剂量一定要适当,疗程要充足,以求彻底治愈,避免复发。

(二)药物的毒副作用

众所周知,动物性食品中的药物残留对人体健康产生不利的影响,主要表现为变态反应和过敏反应,细菌耐药性,致畸作用、致癌作用、致突变作用以及激素样作用等多方面。

第一,急性中毒:一些违禁药物本身对人体的组织器官具有毒性作用,若1次摄入残留物的量过大,会出现急性中毒反应。如磺胺类药物中毒。当然,急性中毒的事件发生相对来说是很少的,药物残留的危害绝大多数是通过长期接触或逐渐蓄积而造成的。

第二,过敏反应:一些抗菌药物如青霉素、磺胺类药物、四环素、金霉素及某些氨基糖苷类抗生素能使部分人群发生过敏反应。过敏反应症状多种多样,轻者表现为荨麻疹、发热、关节肿痛及蜂窝织炎等，严重时可出现过敏性休克，甚至危及生命。当这些残留于鸡肉食品中抗菌药物进入人体后，就使部分敏感人群致敏。当这些被致敏的个体再接触这些抗生素或用这些抗生素治疗时，就会发生过敏反应，可能危及生命。

第三，“三致”作用：即致癌、致畸、致突变作用。药物及环境中的化学药品可引起基因突变或染色体畸变而造成对人类的潜在危害。当人们长期食用含“三致”作用药物残留的鸡肉食品时，这些残留物便会对人体产生有害作用，或在人体中蓄积，最终产生致癌、致畸、致突变作用。近年来人群中肿瘤发生率不断升高，人们怀疑与环境污染及动物性食品中药物残留有关，如硝基呋喃类、砷制剂等都已被证明具有致癌作用，许多国家都已禁止这些药物用于食品动物。

第四，对胃肠道菌群的影响：自 1987 年以来，欧美国家就对亚临床浓度的抗菌药物残留在动物性食品中被人食用后，引起的人类肠道正常菌群的平衡失调的现象十分关注。正常机体内寄生着大量菌群，如果长期与动物性食品中低剂量的抗菌药物残留接触，就会抑制或杀灭敏感菌，耐药菌或条件性致病菌大量繁殖，微生物平衡遭到破坏，使机体易发感染性疾病，而且由于耐药而难以治疗。

1. 细菌耐药性增加

近些年来，由于抗菌药物的广泛使用，细菌耐药性不断加强，而且很多细菌已由单重耐药发展到多重耐药。饲料中添加抗菌药物，实际上等于持续低剂量用药。动物机体长期与药物接触，造成耐药菌不断增多，耐药性也不断增强。抗菌药物残留于动物性食品中，同样使人也长期与药物接触，导致人体内耐药菌的增加。如今，不管是在动物体内，还是在人体内，细菌的耐药性已经达到了较严重的程度。另外，人们很关注的动物病原菌的耐药基因是否会传递给人类病原菌的问题，现已得到证实，人与人之间、动物与动物之间均存在耐药基因的传递问题。

2. 对临床用药的影响

（1）给临床诊治疾病带来困难　长期接触某种抗生素，可使机体免疫功能下降，以致引发各种病变，引起疑难病症，或用药时产生不明原因的毒副作用，给临床诊治带来困难。

（2）抗菌药物失效，使医疗费用过高，社会负担加重　临床致病菌耐药性的不断增加，使抗生素的药效越来越低，使用标准给药剂量已经不能起到防病治病的作用，必须不断加大剂量才可能有效。而且在治疗感染性疾病时，医生第一次开的抗菌药物往往失败，病人只好再试几种药物，使医疗费用不断增加。在畜禽养殖中，发生感染性疾病时，若试用几种抗菌药物均无效，不但加大了饲养成本，更由于病程延长，影响了畜禽的生产性能，使养殖利润下降，甚至血本无归。

（3）给新药开发带来压力　由于药物滥用，细菌产生耐药性的速度不断加快，耐药能力也不断加强。这使得抗菌药物的使用寿命也逐渐变短。要求不断开发新的品种以克服细菌的耐药性。细菌的耐药性产生越快，临床对新药的要求也越快。然而，要开发出一种新药并非易事。以往，制药公司凭偶然发现新的抗生素。但现在寻找到新的抗生素越来越困难。新抗菌药开发的速度减慢，而细菌的耐药性不断加快，这是一种危险的倾向。

3. 兽药残留与环境

动物用药以后，药物以原形或代谢产物的形式随粪、尿等排泄物排除，残留于环境中。随着世界各国环保意识的增强，人们越来越关注兽药在环境中的蓄积、转移、转化和对各种生物及人类健康的影响，并在国际上形成了一个新的研究热点。绝大多数兽药排入环境后，仍然具有活性，会对土壤微生物、水生生物及昆虫等造成影响。

Hamscher G 等报道，在用动物排泄物施肥的土壤的 0～40 厘米的表层，检测到了土霉素和金霉素的残留，其最大浓度竟分别高达32.3毫克/千克和26.4毫克/千克。Dijek PV等发现，21种饲料添加的抗菌药物对土壤和水中的36种典型的微生物只有7种敏感，其他29种微生物对这些畜禽常用抗菌药都有天然的耐药性。低剂量的抗菌药长期排入环境中，会造成敏感菌耐药性的增加。已知链霉素、土霉素可以在环境中蓄积，并被植物的根吸收，在植物中保留很长时间的抗菌活性。其他的抗菌药物如林可霉素、泰乐菌素还能引起环境中的耐药沙门氏菌的数量大增。耐药基因不但可以贮存于水环境中，而且可以通过水环境扩展和演化。Wollenberger L等报道畜禽常用抗菌药物甲硝唑、喹乙醇、萘啶酸、土霉素、泰妙霉素、泰乐菌素对甲壳细水蚤的作用，发现喹乙醇对甲壳细水蚤的急性毒性最强，对水环境有潜在的不良作用。Strong L等报道了阿维菌素、伊维菌素和美倍霉素在粪便中能保持8周的活性，对利用粪便的微生物及堆肥周围的多种昆虫都有强大的抑制或杀灭作用。

进入环境中的兽药残留，在多种环境因子的作用下，可产生转移、转化或在动植物中富积。Stumpf M等检测了生活废水灌溉植物之后的流出液中的多种药物残留，各种药物残留的平均浓度范围多在0.1~1毫克/升，药物随废水通过这些植物之后，其浓度下降了12%~90%，残留的药物继续进入河流，对河流造成污染，河水中药物的平均浓度范围在0.02~0.04毫克/升之间，而最大浓度达到0.5毫克/升。

由此可见，兽药残留的监控，对保证畜产品质量、维护人体健康，保护人类赖以生存的生态环境，有着重要的意义。面对兽药残留监控这样一个新事物，不能因为只讲经济效益，而不顾及残留对人体的危害以及对生态环境的影响，亦不能只讲疫病防治，而忽视药物残留，产生先发展后治理的错误认识。应加快兽药残留监督的立法进程，加大兽药残留监控投入，尽快建立兽药残留监测体系，使我国肉品卫生走向健康、良性的轨道。

（三）药物残留控制方法

1. 无公害食品肉鸡饲养管理规程中关于兽药使用的规定

我国为加强养殖业中药物的使用，农牧发[2001]20号发布《饲料药物添加剂使用规范》，规定了饲料药物的商品名称、有效成分、有效含量、适用动物、作用与用途、用法与用量、注意事项。农业部公告第176号《禁止在饲料和动物饮用水中使用的药物品种目录》规定了包括肾上腺素受体激动剂类、性激素类、蛋白同化激素类、精神药品类、抗生素滤渣类，不能在饲料和饮水中使用。

无公害食品肉鸡饲养兽药使用准则规定：禁止使用有致癌、致畸、致突变的药物，禁止使用会对环境造成严重污染的药物，限制使用某些人畜共用药，主要是青霉素类和喹诺酮类的一些药物，允许使用《中华人民共和国兽药典》、《中华人民共和国兽药规范》、《兽药质量标准》和《进口兽药质量标准》中收录的营养类、矿物质类和维生素类兽药。

无公害食品肉鸡饲养兽药使用准则对肉鸡饲养中允许使用的饲料添加剂、治疗药物的品种、用量及休药期做了详细的规定，见表6-4，表6-5。

表 6-4 无公害食品肉鸡饲养中允许使用的药物饲料添加剂

类别	药品名称	用量(以有效成分计)	休药期(天)
抗菌药	阿美拉霉素	5克~10克/1000千克	0
	杆菌肽锌	以杆菌肽锌4~40克/1000千克,16周龄以下使用	0
	杆菌肽锌+硫酸粘杆菌素	2克/1000千克~20克/1000千克+0.4克/1000千克~4克/1000千克	7
	盐酸金霉素	20克/1000千克~50克/1000千克	7
	硫酸粘杆菌素	2克/1000千克~50克/1000千克	7
	恩拉霉素	1克/1000千克~5克/1000千克	7
	黄霉素	5克/1000千克	0
	吉他霉素	5克/1000千克~10克/1000千克	7
	那西肽	2.5克/1000千克	3
	牛至油	促生长,1.25~12.5克/1000千克;预防,11.25克/1000千克	0
	土霉素钙	混饲10克/1000千克~50克/1000千克,10周龄以下用	7
	维吉尼亚霉素	5克/1000千克~20克/1000千克	1

续表 6-4

类别	药品名称	用量(以有效成分计)	休药期(天)
抗球虫药	盐酸氨丙啉+乙氧酰胺苯甲酯	125 克/1000 千克+8 克/1000 千克	3
	盐酸氨丙啉+乙氧酰胺苯甲酯+磺胺喹噁啉	100 克/1000 千克+5 克/1000 千克+60 克/1000 千克	7
	氯羟吡啶	125 克/1000 千克	5
	复方氯羟吡啶粉(氯羟吡啶+苄氧喹甲酯)	102 克/1000 千克+8.4 克/1000 千克	7
	地克珠利	1 克/1000 千克	–
	二硝托胺	125 克/1000 千克	3
	氢溴酸常山酮	3 克/1000 千克	3
	拉沙洛西钠	75 克/1000 千克~125 克/1000 千克	3
	马杜霉素铵	5 克/1000 千克	5
	莫能菌素	90 克/1000 千克~110 克/1000 千克	5
	甲基盐霉素	60 克/1000 千克~80 克/1000 千克	5
	甲基盐霉素+尼卡巴嗪	30 克/1000 千克~50 克/1000 千克+30 克/1000 千克~50 克/1000 千克	5
	尼卡巴嗪	20 克/1000 千克~25 克/1000 千克	4
	尼卡巴嗪+乙氧酰胺苯甲酯	125 克/1000 千克+8 克/1000 千克	9
	盐酸氯苯胍	30 克/1000 千克~60 克/1000 千克	5
	盐霉素钠	60 克/1000 千克	5
	赛杜霉素钠	25 克/1000 千克	5

表 6-5 无公害食品肉鸡饲养中允许使用的治疗药

	药品名称	剂型	用法与用量(以有效成分计)	休药期(天)
抗生素类	硫酸安普霉素	可溶性粉	混饮,0.25 克/升 ~ 0.5 克/升,连饮 5 天	7
	亚甲基水杨酸杆菌肽	可溶性粉	混饮,预防,25 毫克/升;治疗,50 毫克/升 ~ 100 毫克/升,连用 5 ~ 7 天	1
	硫酸粘杆菌素	可溶性粉	混饮,20 毫克/升 ~ 60 毫克/升	7
	甲磺酸达氟沙星	溶液	20 毫克/升 ~ 50 毫克/升,1 次/天,连用 3 天	—
	盐酸二氟沙星	粉剂、溶液	内服、混饮,(5 ~ 10)毫克/千克体重,2 次/天,连用 3 ~ 5 天	1
	恩诺沙星	溶液	混饮,25 毫克/升 ~ 75 毫克/升,2 次/天,连用 3 ~ 5 天	2
	氟苯尼考	粉剂	内服,(20 ~ 30)毫克/千克体重,2 次/天,连用 3 ~ 5 天	30(暂定)
	氟甲喹	可溶性粉	内服,(3 ~ 6)毫克/千克体重,2 次/天,连用 3 ~ 4 天,首次量加倍	—
	吉他霉素	预混剂	100 克/1000 千克 ~ 300 克/1000 千克·天,连用 5 ~ 7 天,不得超过 7 天	7
	酒石酸吉他霉素	可溶性粉	混饮,250 ~ 500 毫克/升,连用 3 ~ 5 天	7
	牛至油	预混剂	22.5 克/1000 千克,连用 7 天	—
	金荞麦散	粉剂	治疗:混饲 2 克/千克 预防:混饲 1 克/千克	0
	盐酸沙拉沙星	溶液	20 ~ 50 毫克/升,连用 3 ~ 5 天	—

续表 6-5

	药品名称	剂型	用法与用量(以有效成分计)	休药期(天)
抗生素类	复方磺胺氯哒嗪钠	粉剂	内服,20 毫克/(千克体重·天) + 4 毫克/(千克体重·天),连用 3~6 天	1
	延胡索酸泰妙菌素	可溶性粉	混饮,125 毫克/升~250 毫克/升,连用 3 天	—
	磷酸泰乐菌素	预混料	混饲,26 克/1000 千克~53 克/1000 千克	5
	酒石酸泰乐菌素	可溶性粉	混饮,500 毫克/升,连用 3~5 天	1
抗寄生虫药	盐酸氨丙啉	可溶性粉	混饮,48 毫克/升,连用 5~7 天	7
	地克珠利	溶液	混饮,0.5 毫克/升~1 毫克/升	—
	磺胺氯吡嗪钠	可溶性粉	混饮,300 毫克/升;混饲,600 克/1000 千克,连用 3 天	1
	越霉素 A	预混剂	混饲,10 克/1000 千克~20 克/1000 千克	3
	芬苯哒唑	粉剂	内服,(10~50)毫克/千克体重	—
	氟苯咪唑	预混剂	混饲,30 克/1000 千克,连用 4~7 天	14
	潮霉素 B	预混剂	混饲,8 克/1000 千克~12 克/1000 千克,连用 8 周	3
	妥曲珠利	溶液	混饮,25 毫克/升,连用 2 天	–

2. 用药的原则

(1)准确地选择药物　由于每种药物抗病原体的性能不同,因此,用药必须有所选择。在选择用药时,可以从以下几方面来考虑:

①预防效果　为了使预防效果达到最佳的状态,在使用药物之前或使用药物过程中,应进行药敏试验,以选出最敏感的药物用于预防、治疗。也可以使用广谱抗菌药物用于预防、治疗。

②药物的性质　有些药物是水溶性的,有些药物是脂溶性的,有些药物则呈混悬液的。有些药物只能在肠道中起作用,不能进入血液中,而有些药物则可以进入血液中,分布到全身各处发挥作用。有些药物在短期内大量使用才有效,有些药物则需每天使用且长期坚持才有效。因此,在使用药物预防时,应根据各种药物的性质不同进行合理选择。

③药物的联用　两种或两种以上的药物合并应用时,可以产生相互影响,如合并应用后作用增加或增强称为协同作用,作用抵消或变弱的称为拮抗作用。因此,必须了解药物合并应用的效果,注意配伍禁忌的问题,合理选择和配合使用药物。

④药物的价格　为了提高企业利润,降低生产成本,应当尽可能地选用价廉质优、方便使用的药物进行疫病预防。

(2)使用合适的给药途径　不同的给药途径,可以影响药物的吸收快慢、吸收量的多少、药物作用的强弱、药效出现时间和维持时间等。

①混水给药　即将药物加入饮水中,让鸡只通过饮水获得药物。在混水给药时,应注意药物必须能溶于水。药物的浓度要准确。要有充足的饮水槽或饮水器,以保证每只鸡在规定的时间内都能喝到足够量的水。饮水槽或饮水器必须清洁干净。饮水必须清洁卫生,不得含有对药物质量有影响的物质。饮水前要断水一定时间,夏天 1~2 小时,冬天 3~4 小时,让鸡产生渴感;加入药物

的饮水必须在规定的时间内饮完，否则会影响药效。

②混饲给药　即将药物加入饲料中，让鸡只通过采食获得药物。在混饲给药时，应注意药物浓度要准确。药物与饲料必须混合均匀。饲料中不得含有对药效有影响的物质。饲槽必须清洁干净。加入药物的饲料要在规定的时间内喂完。

(3)注意鸡体的性别、年龄、体重和体质状况的差异　一般来说，母鸡比公鸡对药物的敏感性较强，幼龄鸡比成年鸡对药物的敏感性高，用药时应酌情减少用量；体重大的鸡只比体重小的鸡只对药物的耐受性强，可根据体重给药；体质状况强的鸡只较体质弱的鸡只对药物的耐受性强，对体质弱的鸡只应适当减少用药量。

(4)注意耐药性的产生　长期用药，微生物、寄生虫易产生耐药性，应穿梭用药、轮换用药。

现介绍肉鸡饲养期间常见疫病的无公害药物预防程序，仅供参考。

①1～3日龄　在每升饮水中加入葡萄糖20克，速溶多维、电解多维2克，酒石酸泰乐霉素0.5克，以利于排出胎粪，补充体力，预防慢性呼吸道病。

②4～8日龄　选用土霉素、硫酸粘杆菌素、甲磺酸达氟沙星、牛至油等拌料，连用5～7天，预防鸡白痢。

③15日龄　开始选用百球清、球痢灵、莫能霉素、盐霉素等几种抗球虫药交替使用，预防球虫病。使用杆菌肽锌、硫酸粘杆菌素、盐酸沙拉沙星、酒石酸泰勒霉素等预防大肠杆菌病。

3. 兽药残留的控制

(1)造成兽药残留的主要原因　①不正确使用药物，如用药的剂量、给药的方法、用药的范围和禁用的对象等不符合用药规定，药物标签上的用法指示不当。②没有遵守休药期的规定，在休药期结束前屠宰动物，屠宰前用药掩饰临诊症状，以逃避宰前检查。③饲料粉碎设备受污染或将盛过抗菌药物的容器用于贮藏饲料，以未经批准的药物作为添加剂饲喂动物。④未在上市前7天停用含药物添加剂的饲料,以未经批准的药物作为添加剂饲喂动物,使用了禁止使用的药物治疗疾病。

(2)控制兽药残留的措施 ①严禁使用禁用药物。如氯霉素、喹乙醇、痢特灵等。②科学用药。严格遵守无公害食品肉鸡饲养兽药使用准则中规定的用药量、用法和休药期,不随意加大用量,改变某些终身用药的方法为阶段适时用药,选用与人类用药无交叉抗药性的禽类专用药物。③切实执行休药期标准。这是控制兽药残留的重要措施。休药期随药物的种类、制剂的形式、用药的剂量、给药的途径等不同而有差异,一般约为几小时、几天到几周,这与药物在动物体内的消除率和残留量有关。多选用无屠宰前休药期的药物,禁止出售在休药期内患病急宰的动物。④研制和推广使用抗生素替代品,例如微生态制剂、中成药,减少抗生素和合成药的使用。⑤严格执法,加强兽药、饲料的监管力度。即要完善各级监控体系,严格管理和监测,尤其要对氯羟吡啶、氯霉素等明令禁止使用的药物进行重点监管,完善从具体残留数据标准制定,到违规的相应处罚手段的工作,加大对有关禁用药物的生产、销售行为的打击力度,依法追究法律责任,真正有效地控制兽药残留。

第七章　肉鸡屠宰加工的无公害管理

一、加工企业无公害建立原则

肉鸡加工企业是一种处理肉鸡、进行综合加工的企业。合理选择肉鸡加工企业的厂址，不仅具有重要的卫生学意义，而且也是决定投资数额、施工方法和日后企业扩大再生产的重要条件。

（一）选址卫生要求

应远离交通要道、居民区、医院、学校、水源及其他公共场所至少500米以上，并位于居民点水源的下游、下风向，以免污染居民区的水源、空气和环境，但应考虑交通便利，有利于屠宰鸡的运入和鸡肉产品的运出。地势平坦，且有一定的坡度，以便于车辆运输和污水的排放。地下水位离地面的距离不得低于1.5米，以保持场地的干燥和清洁。为了得到良好的自然光线与通风条件，建筑物必须选择合理的方向（以朝南、朝东南为最好），并控制风向。

（二）厂内布局卫生要求

肉鸡加工厂应具有多层次建筑，适合现代生产要求的自动化和半自动化的设备，各个车间都根据生产流程而互相连接，采用平行传送装置或上下运送管道，合乎流水作业要求。

肉鸡加工厂应设有下列车间：屠宰前饲养管理车间，屠宰加工车间，肉鸡分割车间，副产品加工车间，冷库，各类鸡肉深加工系列车间，病鸡隔离及急宰车间。各个车间既相互联系又互相隔离，不论平面或垂直的生产运行，都必须按原料→半成品→成品的顺序流水作业，不准相互接触或产品倒流，以免交叉污染。除了生产车间外，还有制冷、供电、供水、供气及污水处理等设施和行政管理与生活区。

厂内的道路、地面应为柏油或水泥，以减少尘土污染，便于清洗及消毒。为防止其他动物入内，场区周围应围有2米高的围墙。还应考虑场区的环境绿化，以防风尘和调节空气。不论企业的规模大与小，都应有完善的供水与下水系统，水源要求清洁无污染，要求用自来水或深井水，禁止直接用江、河、湖水。若实在无自来水或深井水，江、河水须经净化，符合生活饮用水标准后方可利用。下水系统必须通畅无阻，场区内不得积有污水。厂内必须设有无害化处理粪便、胃肠内容物的场所及设备。在设计时，必须要有粪便发酵处理场所，粪便、胃肠内容物必须经发酵处理后方可运出，以防止病原微生物扩散。屠宰污水须经无害化处理设施处理后，方可排入公共下水道。

(三)车间卫生要求

1. 房屋建筑的卫生要求

车间墙壁和地面用不透水的材料建成。在离地2米以内的墙壁上涂铺磨光的水泥，或用彩砖砌墙裙，表面要平整，便于洗刷和消毒。地面最好是水泥纹砖，以防滑跌，并保持1.5°的倾斜度，以便排出污水。窗台应向内急剧倾斜，使其不能放置任何东西。窗户与地面面积的比例为1:4～6，以保证车间光线充足。天花板的高度不应低于4.5米。生产车间照明尽量采用自然光源，避免直射阳光。室内光照要均匀柔和，过强过弱均使工作人员视力紧张，易于疲劳和引起眼病。人工照明以日光灯为好，不得使用有色灯和高压水银灯，因为这些光线影响肉的色泽，有碍对产品正确判定。

2. 传递装置

在肉鸡加工企业,鸡屠宰加工线都采用自动流水线,鸡和肉都在各自的加工线上架空轨道运行,各车间均应配备一定数量不锈钢手推车,不同楼房之间产品的上下传递应采用金属滑筒,不同的产品应有不同的筒道。这不仅节省劳力,而且可避免污染。

3. 通 风

车间内应有良好的通风设备,这对工作人员的健康和产品质量均有好处,在北方利用良好的自然通风即可,在南方尚需有降温设备。门窗的开设要适合空气的对流,要有防蝇、防蚊装置。有条件的企业,最好装置专用通风孔,以排除室内原有的空气和水蒸气。空气的交换每小时1~3次,交换的次数决定于室内挂肉数量和外部湿度。

4. 上 水

车间供水应充足,供水量按光鸡体重(千克)1:5~7计算。并设冷热水两个系统,热水保持80℃,水质须经当地卫生部门检验,应符合饮用水的卫生标准。

5. 下 水

为了及时排除车间内的污水,保持生产地面的清洁和防止产品污染,必须建造完善的下水道系统。车间内的废水首先排入收容坑,坑口应装有滤水铁箅子,以便阻滞污物和碎肉块。收容坑在污水流量不大的车间,每100平方米地面可设置一个,流量大者每20~25平方米地面设置一个,排水管的直径应保证坑内污水充分排出,并保持畅通无阻。为了便于排水,车间内地面应斜向(1°~2°)收容坑。每个车间和加工区域的排水管道出口处,均应设置脂肪清除装置,自动分离水中脂肪屑,同时采取措施尽量减少胃肠内容物和肠粘膜细屑进入排水沟内,因为这些物质均极大妨碍废水的进一步净化。

二、收购运输无公害管理

（一）收购与检疫

1. 了解疫情

确定收购点，收购点应为非疫区。

2. 物质准备

按卫生要求，收购站应备有存放健康鸡和隔离病鸡的圈舍，并应按来源地不同，分群管理。

3. 组织人力

收购工作应有明确分工，采购、饲养管理、押运、检疫等，都要分工协作，做到从收购到将鸡运输到目的地的整个过程中都有专人负责，检疫人员应对整个收购工作进行防疫和检疫技术指导。

4. 严格检疫

对待收购的鸡应观察其健康状况，及时发现和隔离病鸡，将污染的圈舍和场地彻底消毒。确诊为病鸡后，应采取相应的防治措施。

5. 合理饲养

购入的鸡应当按来源分类，分批、分圈饲养，不得混群饲养。注意经常进行场地、圈舍的清扫、消毒。购入的鸡达到足够调运的数量时应及时运出，避免在收购地点长期饲养。在饲养期间应尽力保障鸡只的安全和正常的采食、休息，防止受伤、发病。

6. 及时转运

购入的鸡在收购站停留时间最多不超过 3 天。

（二）运输与卫生

在起运前 3 天，货主需持有效期检疫证明向所在地县级以上农牧部门派驻在车站、港口的动物检疫机构报告，并办理运输检疫证明和运输工具消毒证明，运输部门凭有效期内的上述证明办理托运手续后，方能起运。

运输的方法多种多样，有铁路运输、水路运输、汽车运输等。无论采用何种途径运输，都必须防止途中发病和死亡，防止疫病散播。

运输途中，押运人员应对鸡细心管理、按时饮喂，这是保证完成运输任务的重要环节。检疫人员和押运人员应认真观察鸡只情况，发现病鸡或可疑病鸡时，应立即隔离到车船一角，进行救治及消毒，并将发病情况报告车船负责人，以便与有动物防疫监督机构的车站、码头联系，及时卸下病、死鸡，在当地防检人员的指导下妥善处理。绝对禁止随意急宰或在沿途、内河乱抛尸体，也不得任意出售或带回原地。必要时防检人员有权要求装运鸡体的车船开到指定地点进行检查，监督车船进行清扫、消毒等卫生处理工作。

运输过程中，如发现烈性传染病及当地已扑灭或从未流行过的传染病时，应按照《动物防疫法》的防疫规程采取措施，防止疫病扩散，并将疫情及时报告当地动物防疫监督机构。妥善处理病鸡尸体及污染场所、运输工具，同群鸡应隔离检疫，待确定无散播危险时，方准运出或屠宰。

为了预防在运输过程中散播疫病，除必须注意对肉鸡在运输过程中的卫生管理外，还应注意运输工具的卫生处理。因此，车厢、船只、用具等，在运输前后都必须在兽医人员监督指导下进行卫生处理。卫生处理场所应设在指定地点，以防疫病的散布。

运输过鸡只的车船，应根据不同情况加以处理，如运输过程中没有发现传染病，应对车船只进行一般的粪便清除及热水洗刷。运输过程中发现有过一般传染病或可疑者，车船应先清除粪便，再用热水洗刷，最后进行消毒；运输过程中发生恶性传染病，车船应经2次以上的消毒，并在每次消毒后再用热水清洗。处理程序是：

先清扫车船内在途中积聚的粪便、残饲及污物，然后用热水自车船内顶棚开始清洗，渐及车船内外各部，直至洗水不呈粪黄色为止，洗刷后进行消毒。消毒药品一般常用10%漂白粉，20%石灰乳剂，5%克辽林，3%热苛性钠等，车船内的用具也同时加以清洗消毒，两次消毒间隔时间为0.5小时，最后一次消毒后2～4小时用热水洗刷后再行使用。

没有发生过传染病的车船内的粪便和发生过一般传染病车船内的粪便，必须经发酵后，才准利用；发生过恶性传染病的车船内的粪便，应集中烧毁。

三、屠宰加工无公害管理

(一)宰前检疫

鸡只的宰前检疫是对屠宰加工过程施行兽医卫生监督的重要环节之一。通过宰前检疫，可以及时发现病鸡，及早检出宰后检验难以检出的疾病，实行病健隔离，病健分宰，防止疫情扩散，减轻对加工环境和产品的污染，保证产品的卫生质量。

鸡宰前检疫的程序如下：

1. 入场验收

第一步，验讫证件，了解疫情。即当商品鸡运到屠宰加工企业后，在未卸下车船之前，兽医检疫人员应先向押运员索取商品鸡产地动物防疫监督机构签发的检疫证明，了解产地有无疫情，并亲自到车船仔细察看鸡群，核对鸡的种类和数量。如发现数目不符或见到死鸡和症状明显的鸡只时，必须认真查明原因。如果发现有疫情或有疫情可疑时，立即将该批鸡转入隔离场内，进行仔细的检查和必要的实验室诊断，确诊后根据疾病的性质按有关规定处理。

第二步，视检鸡群，病健分群。即经上述查验认可的商品鸡，准予卸载,并施行外貌检查。可采用飞沟检验和障板检验,飞沟检验是将鸡群放开,驱赶或在前面由一人以饲料引诱,使其自行通过检疫飞沟,检疫飞沟的宽度可用健鸡反复试飞而定。障板检验是将鸡群放开,按上述使其通过一定高度(由健鸡反复试验而定)的障板。对发现有异常的鸡只,分别涂上一定的标记,按所做的标记将可疑病鸡移入隔离场。

第三步,逐只测温,剔出病鸡。即按上述检查后让其入圈安静休息,供给饮水,4 小时后抽查检测体温,如有体温升高者,再进行逐只检温。

第四步,个别诊断,按章处理。即对隔离出来的病鸡或可疑病鸡,经适当休息后,进行仔细的临床检查,必要时辅以实验室诊断,予以确诊,然后按章处理。

2. 住场查圈

入场验收合格的鸡只,在宰前饲养管理期间,兽医人员应经常深入鸡圈,对鸡群进行静态、动态和饮食状态等的观察,以便及时发现漏检的或新发病死亡鸡只,做出相应的处理。

3. 送宰检查

进入宰前饲养管理场的健康鸡只,经过 1 天的休息管理后,即可送去屠宰。为了最大限度地控制病鸡,在送宰之前需要再进行详细的外貌检查,没发现病鸡或可疑病鸡时,可开具送宰证明。

鉴于送宰的鸡只数目通常较多,待宰的时间又不能拖长,尤其在屠宰旺季,实行逐只临床检查实属困难,故在生产实践中多采用群体检查和个体检查相结合的办法。对于大批的商品鸡进行群体检查时,可采用上述飞沟检查法和障板检查法,凡能轻易飞过沟者,可认为是假定健康鸡,再于静态休息时和摄食饮水时做进一步检查,不能过沟或掉在沟中者,可认为是疑似病鸡,应逐只进行个体检查。个体检查是对在群体检查中被剔除的病鸡和可疑病鸡集中进行较详细的个体临床检查。即使已经群体检查判为健康无病的鸡群，必要时也可抽出10%做个体检查，如发现传染病时，可继续抽查10%，有时甚至全部进行个体检查。个体检查的方法即为看、听、摸、检。看就是观察鸡体的外貌和表现，看精神、羽毛和肉髯，看运步姿态，看呼吸动作，看可视粘膜，看排泄物。听就是听叫声，听咳嗽，听呼吸音。摸就是用手触摸鸡体各部，如嗉囊、肌肉和关节。检就是检测体温。

经过宰前检疫的鸡，根据其健康状况及疾病的性质和程度，分别进行处理。凡是健康，符合卫生质量和商品规格的鸡只准宰。确诊为无碍肉食卫生的普通病鸡，以及一般性传染病鸡而有死亡危险时，可随即签发急宰证明，送往急宰。凡是危害性大而且目前防治困难的疫病，或急性烈性传染病，或重要的人畜共患病，以及国外有而国内无或国内已经消灭的疫病，如禽流感、鸡新城疫、马立克氏病的，应禁止屠宰，运送至指定地点，采用不放血的方法扑杀，尸体销毁或化制，病鸡所污染的用具、器械、场地进行彻底消毒。

（二）宰前管理

1. 宰前休息

肉鸡由饲养地长途运输到屠宰厂，必然会发生生理疲劳，机体的正常新陈代谢活动发生紊乱，导致鸡的抵抗力降低，某些细菌，特别是肠道菌趁机进入血液循环，并向肌肉组织和其他脏器转移。屠宰后会加速肉的腐败过程，因此，鸡到场后应休息1天，以恢复健康。同时保持安静，减少骚动，从而提高鸡肉产品的卫生质量和耐贮性。

2. 宰前停饲与饮水

在宰前休息时，还要实行停饲管理，但要给予一定量的饮水。停饲是为了让鸡尽量把胃肠内食物消化干净，排泄粪便，以便屠宰后处理内脏，避免污染肉体。同时，饮水可以保持鸡体正常的生理功能活动，降低血液的粘度，使鸡体在屠宰时放血完全。一般鸡停饲时间为12～24小时。宰前3小时左右要停止饮水，以免胃肠内含水分过多，宰时流出造成污染。

（三）卫生监督

1. 麻电刺杀放血

运入屠宰车间的肉鸡，首先将鸡一只只挂在吊轨的挂排上，运行时鸡头通过水浴式头部电麻器击昏。目前，鸡加工企业都采用高压瞬间麻电法，即采用直流电，电压为90V。然后将头颈固定，并以转盘刀沿耳垂后切断颈动脉放血，放血时间90秒。

2. 浸烫与煺毛

放血后的鸡，随着自动运行吊轨挂排通过机械浸烫。烫槽采用蒸汽加热自动调热控温，使水温保持在规定范围内连续浸烫。烫鸡时水温保持在60℃～63℃，必须严格控制，水温过高会烫破皮肤，使脂肪熔化，水温过低则羽毛不易脱离。浸烫时间以能够轻易拔掉被毛而不破损皮肤为度，一般为1～2分钟，主要根据鸡的品种、年龄和季节而定。浸烫最好为流水，若为池水，则应注意换水，2小时换1次，以免浸烫水污染鸡体。

现代肉鸡煺毛机械最先进的是立式脱毛机，该机械可以全方位上下左右前后调正距离，使脱毛机的橡皮刺摩擦鸡体达最佳适度，达到脱毛最佳效果，在几秒钟内就能把羽毛顺利去掉，净毛率达98%左右。

经过机械脱毛后，在吊轨上运行到净毛浇淋区，操作人员用手将少量的未脱净的翅尖毛、尾毛和嘴脚皮等去除，并充分洗淋以保持鸡体全身洁白干净。

3. 净　膛

净毛洗淋洁白干净的光鸡，在挂排上随吊轨运行到开膛取内脏车间进行内脏取出操作。按照规格要求的不同，内脏的取出有三种形式：

(1)全净膛　从胸骨末端至肛门中线切开腹壁或从右胸下肋骨处开口，除肺和肾脏保留外，将其余脏器全部取出，同时去除嗉囊。

(2)半净膛　由肛门周围分离泄殖腔，并于扩大的开口处将全部肠管拉出，其他脏器仍留于体腔内。

(3)不净膛　即脱毛后的光鸡不作任何净膛处理，全部脏器都保留在体腔内。

在全净膛和半净膛加工时，拉肠管前应先挤出肛门内粪便，不得拉断肠管和扯破胆囊，以免粪便和胆汁污染胴体。体腔内不能残留断肠和应除去的脏器、血块、粪污及其他异物等。全净膛和半净膛加工时，内脏取出后应与胴体一起同步检验。加工不净膛鸡时，宰前必须做好停饲管理，尽量减少胃肠内容物，以利于保存。

4. 胴体的修整

(1)湿修　湿修时，最好使用有一定压力的净水冲刷，将附着在胴体表面的羽毛、血、粪等污物尽量冲洗干净。全自动生产线是用洗鸡机进行清洗，清洗效果很好。半自动生产线是将净膛后的胴体放在清水池中清洗，采用这种湿修方法时，要注意勤换池水，以免造成胴体被水中微生物污染。

(2)干修　就是用刀、剪将胴体上的病变组织、机械损伤组织、游离的脂肪等割掉，并将残毛拔掉，最后用剪刀从跗关节处将后肢剪下。

修整好的胴体要达到无血、无粪、无羽毛、无污物、无病变组织和损伤组织。外观要平整，具有良好的商品外观。修割下来的肉屑或废弃物，应分别收集在容器内，按卫生要求分别处理，严禁乱扔乱放。

5. 冷　却

开膛取净内脏的白条鸡，肉体温度较高，必须尽快冷却，降低肉温控制细菌繁殖;同时便于包装、分割、速冻,这是确保肉质新鲜卫生的重要环节。现代肉鸡加工比较先进的是采用螺旋冷却连续生产设备。冷却水温一般是4℃。经冷却后的光鸡挂排上轨运入包装间包装入库速冻;若再进行分割即运入分割间,分割后分类包装入库速冻;对用新鲜光鸡或分割鸡立即深加工熟食鸡肉制品的厂,冷却后的光鸡或分割鸡通过吊轨或运鸡推车直接转运入深加工车间,进行各类鸡肉制品加工。

(四)宰后检验

鸡的宰后检验主要包括胴体检验和内脏检验,依靠眼观、手触对如下两方面内容进行检查:

1. 胴体检验

(1)判定放血程度　根据体表的颜色和皮下血管(特别是翅下血管、胸部与鼠蹊部血管)的充盈程度来判定放血程度是否良好。放血良好的鸡,皮肤为白色或淡黄色,有光泽,看不清皮下的血管,肌肉切面颜色均匀,无血滴渗出。而放血不良的鸡,皮肤呈红色,常见表层血管充血,皮下血管显露,胴体切断面有血液流出,肌肉颜色不均匀。

(2)检查体表和体腔　首先观察皮肤的色泽,色泽异常者可能是病鸡或放血不良的鸡,同时注意皮肤上有无结节、结痂和疤痕(鸡痘、马立克氏病);其次观察胴体有无外伤、水肿、化脓及关节肿大等病变;然后检查全净膛鸡体腔内是否有炎性渗出物、赘生物及寄生虫等异常变化。

(3)检查头部和肛门　鸡冠和肉髯有无肿胀、结痂(鸡痘)和变色,鸡冠和肉髯呈青紫色或黑色,应注意是否为新城疫或禽流感。观察眼球有无下陷,注意虹膜的色泽、瞳孔的形状、大小以及有无锯齿状的白膜或白环(眼型马立克氏病),眼睛和眼眶周围有无肿胀,眼睑内有无干酪样物质(鸡传染性鼻炎、眼型鸡痘)。观察鼻孔和口腔的清洁度，注意有无粘性分泌物或干酪样假膜（鸡传染性鼻炎、鸡痘）。观察肛门的清洁度，注意是紧闭还是松弛哆开，有无炎症。

2. 内脏检验

采取全净膛加工的鸡，取出内脏后应全面而仔细的检验。半净膛鸡只能检查拉出的肠管。不净膛的光鸡一般不检查内脏，但在胴体检验时怀疑为病鸡者，应剖开胸腹部，仔细检查内脏和体腔。

（1）肝脏　观察其色泽、形状和大小，是否有肿大，有无黄白色斑纹和结节（马立克氏病、鸡白血病、鸡结核病），有无坏死小斑点（禽霍乱等）。

（2）脾脏　观察是否有充血、肿大、变色和灰白色结节（鸡结核病）。

（3）心脏　注意心包膜是否粗糙，心包腔是否积液，心脏是否有出血及赘生物等。

（4）胃　剖检肌胃，剥去角质层，观察有无出血，剪开腺胃，轻轻刮去胃内容物，观察腺胃乳头是否肿大，有无出血和溃疡（鸡新城疫、禽流感）。

（5）肠　视检整个肠管浆膜及肠系膜有无充血、出血、结节，特别注意小肠和盲肠，必要时剪开肠管检查肠粘膜。

（6）卵巢　观察卵巢有无变形、变色、变硬等现象（卵巢性腹膜炎），同时注意卵巢的完整性。

胴体和脏器经过兽医卫生检验后，根据鉴定的结果提出处理意见。其原则是既要确保人体健康，又要尽量减少经济损失。凡品质良好，符合国家卫生标准的，可不受任何限制新鲜出厂，适于食用。凡患有一般性传染病、轻症寄生虫病和病理损伤的胴体和脏器，根据病理损伤的性质和程度，经过各种无害化处理后，使其传染性、毒性消失或寄生虫全部死亡者，可以有条件地食用。凡患有严重传染病、寄生虫病、中毒和严重病理损伤的胴体和脏器，不能在无害化处理后食用者，应进行化制。凡患有重要人畜共患病或危害性大的传染病的尸体，宰后胴体和脏器，必须在严格的监督下用焚烧、深埋、湿化等方法予以销毁。

（五）死鸡无害化处理

1. 销　毁

确认为鸡新城疫、马立克氏病、禽流感的病鸡整个尸体及其内脏，投入湿化机化制（熬制工业油）或投入焚化炉中烧毁炭化。

2. 化　制

凡病变严重、肌肉发生退行性变化的除鸡新城疫、马立克氏病、禽流感以外的其他传染病、中毒性疾病及自行死亡或不明原因死亡的鸡的整个尸体及其内脏，可投入干化机或湿化机进行化制。

3. 高温处理

确认为禽霍乱、鸡传染性法氏囊病、鸡传染性支气管炎、鸡传染性喉支气管炎，确认为与鸡新城疫、马立克氏病、禽流感同群鸡以及怀疑被其污染的胴体和内脏，可采用高压蒸煮，即把肉尸放入密闭的高压锅内，在 112 千帕压力下蒸煮 1.5～2 小时，或采用常压煮沸，即把肉尸放入普通锅内煮沸 2～2.5 小时（从水沸腾时算起）。

4. 血　液

凡患有鸡新城疫、马立克氏病、禽流感以及血液寄生虫病的病鸡血液，可采取将 1 份漂白粉加入 4 份血液中充分搅匀，放置 24 小时后，于专设掩埋废弃物的地点掩埋。或可采用高温处理的方法，即将已凝固的血液切成方块，放入沸水中烧煮，至血块深部呈黑红色并成蜂窝状时为止。

(六)屠宰车间的消毒

1. 经常性消毒

经常性消毒是指在日常清洁扫除的基础上,所进行的定期消毒。每天工作完毕,必须将全部生产地面、墙裙、通道、排污沟、台桌、设备、用具、工作服、手套、围裙、胶靴等彻底洗刷干净,并用82℃热水或化学消毒剂进行消毒。按规定,每周末进行1次大扫除。在彻底扫除、洗刷的基础上,对生产地面、墙裙和主要设备用2%氢氧化钠溶液或次氯酸钠溶液进行喷洒消毒,保持1~4小时后,用水冲洗。这些消毒剂对病毒性传染病的消毒效果好,且经济实用。器械可用82℃热水或0.015%碘溶液消毒。0.0025%碘溶液无刺激,无气味,无染色性,具有较强的清洗效力,可用于工作人员洗手消毒。工作人员的手也可用75%酒精擦拭消毒。胶靴、围裙等橡胶制品用2%~5%甲醛溶液进行擦拭消毒,工作服、口罩、手套等应煮沸消毒。

2. 临时性消毒

临时性消毒是指在生产车间发现恶性传染病,或其他疫病的情况下,进行的以消灭特定传染性病原为目的的消毒。它在控制疫情、防止肉品污染上具有重要的作用。要根据疫病的具体性质,采用相应的有效消毒剂,如对病毒性疾病的消毒,多采用3%氢氧化钠溶液喷洒消毒。消毒的范围和对象,应根据污染的情况来决定,消毒时药品的浓度、剂量、消毒时间等必须准确。

四、分割加工无公害管理

所谓分割肉,是指按照销售规格的要求,将屠宰后的胴体按照部位分割成的小肉块。分割肉的加工是指屠宰后经过兽医卫生检验合格的胴体,按不同部位肉的组织结构切割成不同的肉块,经修整、冷却、包装等工序的加工过程。

（一）分割方法

首先屠宰加工成全净膛的白条鸡，在冷却间将白条鸡冷却至4℃左右，然后进行分割加工。

1. 手工分割

先从第一颈椎处去头，再截下全颈，然后从踝关节处截去两脚。从肩关节处割去两肢。割开胸部皮肤，剔除胸肌或割成带胸骨产品，最后再从髋关节处截去两腿。剩下的骨架可做进一步的深加工。

2. 机械分割

采用防护电动环形刀将鸡对着齿旁的刀片，一次性将鸡分成两半、5块、7块、8块或9块。5块切割把鸡切割成2条腿、2块胸、1块腰背；7块切割成2块胸、2条腿、2只翅和小胸肉；8块切割成2只翅、2条大腿、2条小腿、2块胸；9块切割时要在锁骨与胸骨间做一水平切割，两块带锁骨胸肉重量几乎相同。

（二）加工规格

1. 1/2无骨胸肉

从胸骨纵线一分为二的胸肉，并带有大于胸肉的皮的部分。

2. 小胸肉

附在锁骨和乌喙骨之间的肌肉。

3. 鸡　腿

含有整个胫骨（小腿骨）和股骨在内的皮、肉部分。

4. 鸡　翅

含有三道关节（肩关节、肘关节、腕关节）的全翅部分。

5. 鸡　爪

跗关节以下部分。

6. 鸡 肫

修剪去腺胃及肠管和表面脂肪，并去掉内容物和黄色角质层的肌肉部分。

7. 鸡副产品

鸡肫、鸡架、鸡头、鸡脖、鸡肝、鸡心等。

(三)加工要求

1. 分 割

分割鸡肉加工，应采用将整鸡先预冷后分割的工艺。分割即按分部位规格分割成7块，分割时必须严格卫生要求。从活鸡放血至加工或分割产品到包装入冷库的时间应控制在2.5小时内。

2. 修 整

分割的各部位鸡肉，必须修剪外伤、分割鸡的加工血点和血污以及毛根等杂质。

3. 冷加工

分割后的鸡肉产品应在－23℃的冷冻库中进行冻结，使其中心温度达到－15℃，采用盘冻的时间应不超过24小时，采用箱装的冻结时间不超过36小时。

(四)卫生要求

1. 原料肉的卫生要求

加工分割肉的原料鸡必须来自非疫区，并经兽医卫生检验合格。

2. 加工过程的卫生要求

经检验合格而挑选为分割肉原料的白条鸡，送至冷却间进行冷却，当肉的温度达到分割加工要求时，才能进行分割。

分割加工时仍需注意产品的修整，应修去出血点、血污、伤斑、脓疱等，但在修割时不能损坏肌肉外形的完整，以保持较高的商品价值。

操作过程中一旦放血刀尖断头,应立即停止操作,报告卫检人员进行处理,决不允许隐瞒不报。

对于不慎落地的肉品必须放入专用盛器,由卫检人员进行卫生处理。

操作过程力求在短时间内完成,注意不要将肉堆积时间过长,以免影响分割肉的品质。

3. 包装质量的卫生要求

将按规格要求分割的肉定量装入符合食用卫生要求和标签法的塑料包装袋内,贴上卫生检验员代号纸,封口后装箱入库。

在包装操作过程中要注意:操作人员要穿戴工作衣帽,不戴金银首饰,不留指甲,不涂指甲油,头发不外露,操作前双手清洗消毒。要严格掌握各种产品品种的规格和计量标准,不允许量不足。封口前要先排除袋内的空气,封牢袋口。成品装箱前要用三道塑料带扎成,印好唛头,注明品种、重量、生产日期、检验员代号。每个工班的卫生检验人员应对每箱产品认真抽查,并做好产品质量记录。加工过程中要注意均衡生产,不堆积,各道工序畅通无阻,成品及时包装进库。预冷后的小包装品种需做到称量快、装袋快、装箱后冻结快(速冻),防止温度上升影响质量。生产场地及四周环境、器具、设施必须用82℃热水清洗,再用0.5%过氧乙酸溶液进行消毒,专职卫生检验人员应在生产现场严格把好卫生质量关。

五、运销的无公害管理

鸡肉运销中的无公害管理,主要包括以下几个方面:

第一,鸡肉运输应做到专车专用,即合格冷鲜鸡肉或冻肉与有条件食用肉必须分车装运,并有明显标志。

第二,运输合格冷鲜鸡肉或冻肉力求使用密闭保藏车,敞车只做短途运输并应上盖下垫。

第三,合格冷鲜鸡肉或冻肉严禁与内脏、有毒有害物品、洗洁用品或其他食品等同车运输。

第四,运输车辆及盛装容器每次使用后,都应洗刷干净并经消毒,保持清洁卫生。

第五,运输病鸡、冷鲜鸡肉等的操作人员应明确分工,严格分开,不能混用。

第六,进入市场的冷鲜鸡肉或冻肉必须是经过检验合格的。

第七,销售鸡肉时,应备有清洁的台架和保鲜的设施,不准放在地上。同时应与内脏、其他食品分开销售。

第八,销售鸡肉的人员应身体健康,取得健康合格证,并具有良好的卫生习惯。

附录1　NY 5034—2001
无公害食品　鸡肉

1　范围

本标准规定了无公害鸡肉产品的定义、技术要求、检验方法和标志、包装、贮存要求。

本标准适用于无公害鲜、冻西装鸡或分割鸡肉产品质量评定。

2　规范性引用文件

下列文件中的条款通过本标准的引用而成为本标准的条款。凡是注日期的引用文件，其随后所有的修改单（不包括勘误的内容）或修订版均不适用于本标准。然而，鼓励根据本标准达成协议的各方研究是否可使用这些文件的最新版本。凡是不注日期的引用文件，其最新版本适用于本标准。

GB 191　包装储运图示标志

GB 4789.2　食品卫生微生物学检验　菌落总数测定

GB 4789.3　食品卫生微生物学检验　大肠菌群测定

GB 4789.4　食品卫生微生物学检验　沙门氏菌测定

GB/T 5009.11　食品中总砷的测定方法

GB/T 5009.12　食品中铅的测定方法

GB/T 5009.17　食品中总汞的测定方法

GB/T 5009.19　食品中六六六、滴滴涕残留量的测定方法

GB/T 5009.44—1996　肉与肉制品卫生标准的分析方法

GB/T 6388　运输包装收发货标志

GB/T 6682　分析实验室用水规格和试验方法

GB 7718　食品标签通用标准

GB/T 14931.1　畜禽肉中土霉素、四环素、金霉素残留量测定

方法(高效液相色谱法)

GB 16869　鲜冻禽产品

NY 467　畜禽屠宰卫生检疫规范

NY 5029　无公害食品　猪肉

NY 5035　无公害食品　肉鸡饲养兽药使用准则

NY 5036　无公害食品　肉鸡饲养兽医防疫准则

NY 5037　无公害食品　肉鸡饲养饲料使用准则

NY/T 5038　无公害食品　肉鸡饲养管理准则

NY 5039　无公害食品　鸡蛋

SN /T 0212.2　出口鸡肉中二氯二甲吡啶酚残留量检验方法　甲基化-气相色谱法

3 技术要求

3.1 原料

屠宰前的活鸡应来自非疫区,其饲养过程符合 NY 5035、NY 5036、NY 5037 和 NY/T 5038 的要求,并经检疫、检验合格。

3.2 屠宰加工

活鸡屠宰应按 NY 467 要求,经检疫、检验合格后,再进行加工。加工过程中不使用任何化学合成的防腐剂、添加剂及人工色素。

3.2.1 分割

分割鸡体时应先预冷后分割;从活鸡放血至加工或分割产品到包装入冷库时间不得超过 2h。

3.2.2 整修

分割后的鸡体各部位应修剪外伤,血点、血污、羽毛根等。

3.3 冷加工

需冷冻的产品,应在 -35℃以下环境中,其中心温度应在 12h 内达到 -15℃以下。

3.4 感官指标

按 GB 16869 规定执行。

3.5 理化指标

理化指标应符合表 1 的规定。

表 1

项 目		指 标
解冻失水率，%	≤	8
挥发性盐基氮，mg/100g	≤	15
汞(Hg)，mg/kg	≤	按 GB 16869 规定执行
铅(Pb)，mg/kg	≤	0.5
砷(As)，mg/kg	≤	0.5
六六六(BHC)，mg/kg	≤	0.1
滴滴涕(DDT)，mg/kg	≤	0.1
金霉素，mg/kg	≤	1
土霉素，mg/kg	≤	0.1
磺胺类(以磺胺类总量计)，mg/kg	≤	0.1
呋喃唑酮，mg/kg	≤	0.1
氯羟吡啶(克球酚)，mg/kg	≤	0.01

3.6 微生物指标

微生物指标应符合表 2 规定。

表 2

项　　目		指　　标
菌落总数,cfu/g	≤	5×10^5
大肠菌群,MPN/100g	<	5×10^5
沙门氏菌		不得检出

4 检验方法

4.1 感官特性

按 GB/T 5009.44—1996 规定的方法检验。

4.2 解冻失水率

按附录 A 执行。

4.3 挥发性盐基氮

按 GB/T 5009.44—1996 中 4.1 规定的方法测定。

4.4 汞

按 GB/T 5009.17 规定的方法测定。

4.5 砷

按 GB/T 5009.11 规定的方法测定。

4.6 铅

按 GB/T 5009.12 规定的方法测定。

4.7 六六六、滴滴涕

按 GB/T 5009.19 规定的方法测定。

4.8 土霉素、金霉素

按 GB/T 14931.1 规定的方法测定。

4.9 磺胺类

按 NY 5029 相关测定方法执行。

4.10　呋喃唑酮

按 NY 5039 相应测定方法执行。

4.11　氯羟吡啶(又名二氯二甲吡啶酚、克球酚)

按 SN/T 0212.2 规定的方法测定。

4.12　菌落总数

按 GB 4789.2 规定的方法检验。

4.13　大肠菌群

按 GB 4789.3 规定的方法检验。

4.14　沙门氏菌

按 GB 4789.4 规定的方法检验。

4.15　产品中心温度

4.15.1　温度计

-20℃~50℃的非汞柱玻璃温度计;或其他温度测量仪。

4.15.2　测定步骤

用直径略大于温度计直径的钻头,钻至肌肉深层中心。拔出钻头,立即将非汞柱温度计(或其他温度测量仪)插入肌肉深层,3min 后读取温度计所示温度。

5　标志、包装、贮存

5.1　标志

内包装(销售包装)标志应符合 GB 7718 的规定;外包装标志应符合 GB 191 和 GB/T 6388 的规定。

5.2　包装

包装材料应全新、清洁、无毒无害。

5.3　贮存

分割冻鸡产品应贮存在-18℃以下的冷冻库。库温一昼夜升温不得超过-15℃。

附 录 A
(规范性附录)
解冻失水率的测定

A.1 仪器和工具

电子秤:感量 1g;

温度计:-10℃~50℃,分度值 1.5℃。

A.2 测定步骤

将铁丝网置于搪瓷盘内,并使铁丝网与搪瓷盘底部的距离大于 2cm。从抽取的样品中切取约 1000g~1200g,用电子秤称量后置于铁丝网上。在样品上覆盖塑料膜,使样品在 15℃~25℃自然解冻。待样品中心温度达到 2℃~3℃时,用电子秤称量。再将样品置于铁丝网上放置 30min,称量。重复放置 30min 再称量,直至连续两次称量差不超过 20g。

A.3 测定结果的表述

样品解冻失水率按式(A.1)计算:

$$X(\%) = \frac{m - m_1}{m} \times 100 \quad \text{(A.1)}$$

式中:

X——样品解冻失水率,单位为百分率(%);

m——样品解冻前的质量,单位为克(g);

m_1——样品解冻后的质量,单位为克(g)。

计算结果保留至整数。

A.4 同一样的两次测定值之差,不得超过平均值的 5%。

附录2 NY 5035—2001
无公害食品 肉鸡饲养兽药使用准则

1 范围

本标准规定了无公害食品肉鸡饲养中兽药的使用准则，允许使用的兽药品种、剂型、用法与用量及休药期。

本标准适用于无公害食品肉鸡的生产、管理和认证。

2 规范性引用文件

下列文件中的条款通过本标准的引用而成为本标准的条款。凡是注日期的引用文件，其随后所有的修改单(不包括勘误的内容)或修订版均不适用于本标准，然而，鼓励根据本标准达成协议的各方研究是否可使用这些文件的最新版本。凡是不注日期的引用文件，其最新版本适用于本标准。

NY/T 388 畜禽场环境质量标准

NY 5027 无公害食品 畜禽饮用水水质

NY 5036 无公害食品 肉鸡饲养兽医防疫准则

NY 5037 无公害食品 肉鸡饲养饲料使用准则

NY/T 5038 无公害食品 肉鸡饲养管理准则

中华人民共和国兽药典

中华人民共和国兽药规范

兽用生物制品质量标准

兽药管理条例

饲料和饲料添加剂管理条例

中华人民共和国动物防疫法

兽药质量标准(第一册)

兽药质量标准(第二册)

饲料药物添加剂使用规范

进口兽药质量标准

3 术语和定义

下列术语和定义适用于本标准。

3.1 兽药 veterinary drugs

用于预防、治疗和诊断畜禽等动物疾病，有目的地调节其生理机能并规定作用、用途、用法、用量的物质（含饲料药物添加剂）。包括：血清、菌（疫）苗、诊断液等生物制品；兽用的中药材、中成药、化学原料及其制剂；抗生素、生化药品、放射性药品。

3.1.1 抗菌药 antibacterial drugs

能够抑制或杀灭病原菌的药物，包括中药材、中成药、化学药品、抗生素及其制剂。

3.1.2 抗寄生虫药 antiparasitic drugs

能够驱除或杀灭动物体内外寄生虫的药物，包括中药材、中成药、化学药品、抗生素及其制剂。

3.1.3 疫苗 vaccine

由特定细菌、病毒、立克次氏体、螺旋体、支原体等微生物以及寄生虫制成的主动免疫制品。

3.1.4 消毒防腐剂 disinfector and preservative

用于杀灭环境中的病原微生物、防止疾病发生和传染的药物。

3.1.5 药物饲料添加剂 medicated feed additive

为了预防、治疗动物疾病而掺入载体或稀释剂的兽药的预混物，包括抗球虫药类、驱虫剂类、抑菌促生长类等。

3.2 休药期 withdrawal period

食品动物从停止给药到许可屠宰或它们的产品（乳、蛋）许可上市的间隔时间。

3.3 最高残留限量 maximum residue limit

对食品动物用药后产生的允许存在于食物表面或内部的该兽

药残留的最高量/浓度(以鲜重计,表示为 mg/kg,或 μg/kg,μg/L)。

4 使用准则

肉鸡饲养者应供给动物适度的营养,所用饲料和饲料添加剂应符合《饲料和饲料添加剂管理条例》NY 5037 的规定,饲养环境应符合 NY/T 388 的规定,按照 NY/T 5038 加强饲养管理,采取各种措施减少应激,增强机体自身的免疫力;应严格按照 NY 5036 的规定做好预防,防止发病和死亡,及时淘汰病鸡,最大限度地减少化学药品的使用。必须使用兽药进行鸡病的预防和治疗时,应在兽医指导下进行。应先确定致病菌的种类,以便选择对症药品,避免滥用药物。所用兽药应符合《中华人民共和国兽药典》、《中华人民共和国兽药规范》、《兽药质量标准》、《进口兽药质量标准》和《兽用生物制品质量标准》的有关规定。所用兽药应产自具有兽药生产许可证并具有产品批准文号的生产企业,或者具有《进口兽药登记许可证》供应商。所用兽药的标签应符合《兽药管理条例》的规定。使用兽药时,还应遵循以下原则:

4.1 允许使用消毒防腐剂对饲养环境、畜舍和器具进行消毒,应符合 NY/T 5038 的规定。

4.2 应使用疫苗预防肉鸡疾病,所用疫苗应符合《兽用生物制品质量标准》的规定。

4.3 允许使用《中华人民共和国兽药典》二部、《中华人民共和国兽药规范》二部中收载的适用于鸡的中药材、中药成方制剂。

4.4 允许使用《中华人民共和国兽药典》、《中华人民共和国兽药规范》、《兽药质量标准》和《进口兽药质量标准》中收载的营养类、矿物质和维生素类药。

4.5 允许使用国家兽药管理部门批准的微生态制剂。

4.6 允许使用附录 A 中所列药物,注意事项如下:

4.6.1 使用表 A.1 所列的饲料药物添加剂,应严格遵守规定的用法、用量和休药期。

4.6.2 允许在兽医指导下使用表 A.2 所列的抗菌药和抗寄生虫药，但应严格遵守规定的作用与用途、给药途径、使用剂量、疗程和休药期。

4.6.3 两表中未规定休药期的药物，为保证屠宰后鸡组织中的兽药残留符合限量规定，应停药 28 天后再屠宰供食用。

4.6.4 使用两表所列药物时应注意配伍禁忌；抗球虫药应以轮换或穿梭方式使用，以免产生抗药性。

4.7 建立并保存鸡群免疫程序，患病与治疗记录：包括所用疫苗的品种、剂量和生产厂家，发病时间及症状，治疗用药的商品名称和有效成分，治疗时间、剂量、疗程及停药时间等。记录应在清群后继续保存 2 年。

4.8 禁止使用有致畸、致癌、致突变作用的兽药。

4.9 禁止使用会对环境造成严重污染的兽药。

4.10 限制使用某些人畜共用药，主要是青霉素类和喹诺酮类的一些药物。

4.11 禁止使用影响动物生殖的激素类或其他具有激素作用的物质及催眠镇静类药物。

4.12 禁止使用未经国家畜牧兽医行政管理部门批准的用基因工程方法生产的兽药。

附录 A
（规范性附录）
无公害食品肉鸡饲养中允许使用的药物

A.1 表 A.1 给出了无公害食品肉鸡饲养中允许使用的饲料药物添加剂品种、用量及休药期。

表 A.1 无公害食品肉鸡饲养中允许使用的药物饲料添加剂

类别	药品名称	用量（以有效成分计）	休药期（天）
抗菌药	阿美拉霉素 avilamycin	5g/1000kg ~ 10g/1000kg	0
	杆菌肽锌 bacitracin Zinc	以杆菌肽计 4g/1000kg ~ 40g/1000kg，16 周龄以下使用	0
	杆菌肽锌 + 硫酸粘杆菌素 bacitracin zinc and colistin sulfate	2g/1000kg ~ 20g/1000kg + 0.4g/1000kg ~ 4g/1000kg	7
	盐酸金霉素 chlortetracycline hydrochloride	20g/1000kg ~ 50g/1000kg	7
	硫酸粘杆菌素 colistin sulfate	2g/1000kg ~ 20g/1000kg	7
	恩拉霉素 enramycin	1g/1000kg ~ 5g/1000kg	7
	黄霉素 flavomycin	5g/1000kg	0
	吉他霉素 kitasamycin	促生长，5g/1000kg ~ 10g/1000kg	7
	那西肽 nosiheptide	2.5g/1000kg	3
	牛至油 oregano oil	促生长，1.25g/1000kg ~ 12.5g/1000kg 预防，11.25g/1000kg	0
	土霉素钙 oxytetracycline calcium	混饲 10g/1000kg ~ 50g/1000kg，10 周龄以下使用	7
	维吉尼亚霉素 virginiamycin	5g/1000kg ~ 20g/1000kg	1

续表 A.1

类别	药品名称	用量（以有效成分计）	休药期（天）
抗球虫药	盐酸氨丙啉 + 乙氧酰胺苯甲酯 amprolium hydrochloride and ethopabate	125g/1000kg + 8g/1000kg	3
	盐酸氨丙啉 + 乙氧酰胺苯甲酯 + 磺胺喹噁啉 amprolium hydrochloride and ethopabate and sulfaquinoxaline	100g/1000kg + 5g/1000kg + 60g/1000kg	7
	氯羟吡啶 clopidol	125g/1000kg	5
	复方氯羟吡啶粉（氯羟吡啶 + 苄氧喹甲酯）	102g/1000kg + 8.4g/1000kg	7
	地克珠利 diclazuril	1g/1000kg	
	二硝托胺 dinitolmide	125g/1000kg	3
	氢溴酸常山酮 halofuginone hydrobromide	3g/1000kg	5
	拉沙洛西钠 lasalocid sodium	75g/1000kg ~ 125g/1000kg	3
	马杜霉素铵 maduramicin ammonium	5g/1000kg	5
	莫能菌素 monensin	90g/1000kg ~ 110g/1000kg	5
	甲基盐霉素 narasin	60g/1000kg ~ 80g/1000kg	5
	甲基盐霉素 + 尼卡巴嗪 narasin and nicarbazin	30g/1000kg ~ 50g/1000kg + 30g/1000kg ~ 50g/1000kg	5
	尼卡巴嗪 nicarbazin	20g/1000kg ~ 25g/1000kg	4
	尼卡巴嗪 + 乙氧酰胺苯甲酯 nicarbazin + ethopabate	125g/1000kg + 8g/1000kg	9
	盐酸氯苯胍 robenidine hydrochloride	30g/1000kg ~ 60g/1000kg	5
	盐霉素钠 salinomycin sodium	60g/1000kg	5
	赛杜霉素钠 semduramicin sodium	25g/1000kg	5

A.2　表A.2给出了无公害食品肉鸡饲养中，在兽医指导下允许使用的治疗用药物的品种、用法、用量及休药期。

表A.2　无公害食品肉鸡饲养中允许使用的治疗药

类别	药品名称	剂型	用法与用量（以有效成分计）	休药期（天）
抗菌药	硫酸安普霉素 apramycin sulfate	可溶性粉	混饮，0.25g/L～0.5g/L，连饮5天	7
	亚甲基水杨酸杆菌肽 bacitracin methylene	可溶性粉	混饮，预防25mg/L；治疗，50mg/L～100mg/L，连用5～7天	1
	硫酸粘杆菌素 colistin sulfate	可溶性粉	混饮，20mg/L～60mg/L	7
	甲磺酸达氟沙星 danofloxacin mesylate	溶液	20mg/L～50mg/L，1次/d，连用3天	
	盐酸二氟沙星 difloxacin	粉剂、溶液	内服、混饮，(5～10)mg/kg体重，2次/天，连用3～5天	1
	恩诺沙星 enrofloxacin	溶液	混饮，25mg/L～75mg/L，2次/天，连用3～5天	2
	氟苯尼考 florfenicol	粉剂	内服，(20～30)mg/kg体重，2次/天，连用3～5天	30暂定
	氟甲喹 flumequine	可溶性粉	内服，(3～6)mg/kg体重，2次/天，连用3～4天，首次量加倍	
	吉他霉素 kitasamycin	预混剂	100g/1000kg～300g/1000kg，连用5～7天，不得超过7天	7
	酒石酸吉他霉素 kitasamycin tartrate	可溶性粉	混饮，250～500mg/L，连用3～5天	7
	牛至油 oregano oil	预混剂	22.5g/1000kg，连用7天	

续表 A.2

类别	药品名称	剂型	用法与用量（以有效成分计）	休药期（天）
抗菌药	金荞麦散 pulvis fagopyri cymosi	粉剂	治疗：混饲 2g/kg 预防：混饲 1g/kg	0
	盐酸沙拉沙星 sarafloxacin hydrochloride	溶液	20～50mg/L，连用 3～5 天	
	复方磺胺氯哒嗪钠（磺胺氯哒嗪钠＋甲氧苄啶）compound sulfachlorpyridazine sodium	粉剂	内服，20mg//（kg 体重·d）＋4mg/（kg 体重·d），连用 3～6 天	1
	延胡索酸泰妙菌素 tiamulin fumarate	可溶性粉	混饮，125mg/L～250mg/L，连用 3 天	
	磷酸泰乐菌素 tylosin	预混剂	混饲，26g/1000kg～53g/1000kg	5
	酒石酸泰乐菌素 tylosin tartrate	可溶性粉	混饮，500mg/L，连用 3～5 天	1
抗寄生虫药	盐酸氨丙啉 amprolium	可溶性粉	混饮，48g/L，连用 5～7 天	7
	地克珠利 diclazuril	溶液	混饮，0.5mg/L～1mg/L	
	磺胺氯吡嗪钠 sulfaclozine sodium	可溶性粉	混饮，300mg/L 混饲，600g/1000kg，连用 3 天	1
	越霉素 A destomycin A	预混剂	混饲，10g/1000kg～20g/1000kg	3
	芬苯哒唑 fenbendazole	粉剂	内服，(10～50)mg/kg 体重	
	氟苯咪唑 flubendazole	预混剂	混饲，30g/1000kg，连用 4～7 天	14
	潮霉素 Bhygromycin B	预混剂	混饲，8g/1000kg～12g/1000kg，连用 8 周	3
	妥曲珠利 toltrazuril	溶液	混饮，25mg/L，连用 2 天	

附录3　NY 5036—2001
无公害食品　肉鸡饲养兽医防疫准则

1　范围

本标准规定了生产无公害食品的肉鸡场在疫病预防、监测、控制和扑灭方面的兽医防疫准则。

本标准适用于生产无公害食品肉鸡场的卫生防疫。

2　规范性引用文件

下列文件中的条款通过本标准的引用而成为本标准的条款。凡是注日期的引用文件，其随后所有的修改单(不包括勘误的内容)或修订版均不适用于本标准，然而，鼓励根据本标准达成协议的各方研究是否可使用这些文件的最新版本。凡是不注日期的引用文件，其最新版本适用于本标准。

GB 16548　畜禽病害肉尸及其产品无害化处理规程

GB/T 16569　畜禽产品消毒规范

NY/T 388　畜禽场环境质量标准

NY 5027　无公害食品　畜禽饮用水水质

NY 5035　无公害食品　肉鸡饲养兽药使用准则

NY 5037　无公害食品　肉鸡饲养饲料使用准则

NY/T 5038　无公害食品　肉鸡饲养管理准则

中华人民共和国动物防疫法

3　术语和定义

下列术语和定义适用于本标准。

3.1　动物疫病 animal epidemic disease

动物的传染病和寄生虫病。

3.2　病原体 pathogen

能引起疾病的生物体,包括寄生虫和致病微生物。

3.3 动物防疫 animal epidemic prevention

动物疫病的预防、控制、扑灭和动物、动物产品的检疫。

4 疫病预防

4.1 环境卫生条件

4.1.1 肉鸡饲养场的环境质量应符合 NY/T 388 的要求,污水、污物处理应符合国家环保要求。

4.1.2 肉鸡饲养场的选址:新建肉鸡饲养场不可位于传统的新城疫和高致病性禽流感疫区内。

4.1.3 建筑布局:应严格执行生产区和生活区相隔离的原则。人员、动物和物品运转应采取单一流向,防止污染和疫病传播。

4.1.4 肉鸡饲养场的消毒和病害肉尸的无害化处理:应按照 GB/T 16569 和 GB 16548 进行。

4.2 饲料、饮水和兽药的要求

4.2.1 饲料的使用应符合 NY 5037 的要求。

4.2.2 饮水应符合 NY 5027 的要求。

4.2.3 兽药的使用应符合 NY 5035 的要求。

4.3 饲养管理

4.3.1 肉鸡饲养应坚持"全进全出"原则。引进鸡只应来自健康种鸡,来自不同种鸡场的鸡苗经隔离观察和检疫,确认无传染病后方可并群饲养。每批肉鸡出栏后应实施清洗、消毒措施。生产过程中的饲养管理应符合 NY/T 5038 的要求。

4.3.2 肉鸡场应具有严格的卫生管理制度:工作人员应定期进行体检,取得健康合格证方可上岗。工作人员进入生产区应消毒并穿戴洁净工作服;鸡场应尽量做到"谢绝参观",特定情况下,参观人员在消毒后穿戴防护服方可进入。

4.4 免疫接种

肉鸡场应根据《中华人民共和国动物防疫法》及其配套法规的

要求，结合当地实际情况，有选择地进行疫病的预防接种工作，并注意选择适宜的疫苗、免疫程序和免疫方法。

5 疫病监测

5.1 肉鸡场应依照《中华人民共和国动物防疫法》及其配套法规的要求，结合当地实际情况，制定疫病监测方案。

5.2 肉鸡场常规监测的疾病至少应包括：高致病性禽流感、鸡新城疫、鸡白痢与伤寒。除上述疫病外，还应根据当地实际情况，选择其他一些必要的疫病进行监测。

5.3 根据当地实际情况由动物疫病监测机构定期或不定期进行必要的疫病监督抽查，并将抽查结果报告当地畜牧兽医行政管理部门。

6 疫病控制和扑灭

肉鸡场发生疫病或怀疑发生疫病时，应依据《中华人民共和国动物防疫法》及时采取以下措施：

6.1 驻场兽医应及时进行诊断，并尽快向当地畜牧兽医行政管理部门报告疫情。

6.2 确诊发生高致病性禽流感时，肉鸡场应配合当地畜牧兽医管理部门，对鸡群实施严格的隔离、扑杀措施；发生鸡新城疫、禽结核病等疫病时，应对鸡群实施清群和净化措施；全场进行彻底的清洗消毒，病死或淘汰鸡的尸体按 GB 16548 进行无害化处理，消毒按 GB/T 16569 进行。

7 记录

每群肉鸡都应有相关的资料记录，其内容包括：鸡只来源，饲料消耗情况，发病率、死亡率及发病死亡原因，无害化处理情况，实验室检查及其结果，用药及免疫接种情况，鸡只发运目的地。所有记录应在清群后保存两年以上。

附录4 NY 5037—2001
无公害食品 肉鸡饲养饲料使用准则

1 范围

本标准规定了生产无公害肉鸡所需的配合饲料、浓缩饲料、添加剂预混合饲料、饲料原料、饲料添加剂的使用要求，以及饲料加工过程、饲料包装、贮存和运输的基本准则。

本标准适用于生产无公害肉鸡所需的商品配合饲料、浓缩饲料、添加剂预混合饲料、饲料原料、饲料添加剂和生产无公害肉鸡的养殖场自配饲料。

2 规范性引用文件

下列文件中的条款通过本标准的引用而成为本标准的条款。凡是注日期的引用文件，其随后所有的修改单(不包括勘误的内容)或修订版均不适用于本标准，然而，鼓励根据本标准达成协议的各方研究是否可使用这些文件的最新版本。凡是不注日期的引用文件，其最新版本适用于本标准。

GB/T 6432 饲料中粗蛋白的测定方法

GB/T 6436 饲料中钙的测定方法

GB/T 6437 饲料中总磷量的测定方法 光度法

GB/T 8381 饲料中黄曲霉素 B_1 的测定方法

GB/T 10647 饲料工业通用术语

GB 10648 饲料标签

GB 13078 饲料卫生标签

GB/T 13079 饲料中总砷的测定方法

GB/T 13080 饲料中铅的测定方法

GB/T 13081 饲料中汞的测定方法

GB/T 13082　饲料中的镉测定方法
GB/T 13083　饲料中氟的测定方法
GB/T 13084　饲料中氰化物的测定方法
GB/T 13085　饲料中亚硝酸盐的测定方法
GB/T 13086　饲料中游离棉酚的测定方法
GB/T 13087　饲料中异硫氰酸酯的测定方法
GB/T 13089　饲料中噁唑烷硫酮的测定方法
GB/T 13090　饲料中六六六、滴滴涕的测定方法
GB/T 13091　饲料中沙门氏菌的检验方法
GB/T 13092　饲料中霉菌的检验方法
GB/T 13093　饲料中细菌总数的检验方法
GB/T 146699　饲料采样方法
GB/T 16764　配合饲料企业卫生规范
饲料和饲料添加剂管理条例

3　术语和定义

GB/T 10647 中确立的以及下列术语和定义适用于本标准。

3.1　饲料 feed

经工业化加工、制作的供动物食用的饲料，包括单一饲料、添加剂预混合饲料、浓缩饲料、配合饲料和精料补充料。

3.2　饲料原料 feedstuff, single feed

除饲料添加剂以外的用于生产配合饲料和浓缩饲料的单一饲料成分，包括饲用谷物、粮食加工副产品、油脂工业副产品、发酵工业副产品、动物性蛋白质饲料、饲用油脂等。

3.3　饲料添加剂 feed additive

在饲料加工、制作、使用过程中添加的少量或者微量物质，包括营养性饲料添加剂和一般饲料添加剂。

3.4　营养性饲料添加剂 nutritive feed additive

用于补充饲料营养成分的少量或者微量物质，包括饲料级氨

基酸、维生素、矿物质微量元素、酶制剂、非蛋白氮等。

3.5 一般性饲料添加剂 general feed additive

为保证或者改善饲料品质、提高饲料利用率而掺入饲料中的少量或者微量物质。

3.6 药物饲料添加剂 medical feed additive

为预防、治疗动物疾病而掺入载体或者稀释剂的兽药的预混物,包括抗球虫药、驱虫剂类、抑菌促生长类等。

4 要求

4.1 饲料原料

4.1.1 感官要求:应具有一定的新鲜度,具有该品种应有的色、嗅、味和组织形态特征,无发霉、变质、结块、异味及异嗅。

4.1.2 饲料原料中有害物质及微生物允许量应符合 GB 13078 的要求。

4.1.3 饲料原料中含有饲料添加剂的应做相应说明。

4.1.4 制药工业副产品不应用作肉鸡饲料原料。

4.2 饲料添加剂

4.2.1 感官要求:应具有该品种应有的色、嗅、味和形态特征,无发霉、变质、异味及异嗅。

4.2.2 有害物质及微生物允许量应符合 GB 13078 及相关标准的要求。

4.2.3 饲料中使用的营养性饲料添加剂和一般性饲料添加剂产品应是《允许使用的饲料添加剂品种目录》(见附录 A)所规定的品种,或取得试生产产品批准文号的新饲料添加剂品种。

4.2.4 药物饲料添加剂的使用应按照《药物饲料添加剂使用规范》(见附录 B)执行。

4.2.5 氨苯砷酸和洛克沙胂不应用作肉鸡饲料添加剂。

4.2.6 饲料中使用的饲料添加剂产品应是取得饲料添加剂产品生产许可证的正规企业生产的、具有产品批准文号的产品。

4.2.7 饲料添加剂产品的使用应遵照产品标签所规定的用法、用量使用。

4.3 配合饲料、浓缩饲料和添加剂预混合饲料

4.3.1 感官要求：应色泽一致，无发酵霉变、结块及异味、异嗅。

4.3.2 有害物质及微生物允许量应符合 GB 13078 及相关标准的要求。

4.3.3 产品成分分析保证值应符合标签中所规定的含量。

4.3.4 肉鸡配合饲料、浓缩饲料和添加剂预混合饲料中不应使用违禁药物。

4.4 饲料加工过程

4.4.1 饲料企业的工厂设计与设施卫生、工厂卫生管理和生产过程的卫生应符合 GB/T 16764 的要求。

4.4.2 配料

4.4.2.1 定期对计量设备进行检验和正常维护，以确保其精确性和稳定性，其误差不应大于规定范围。

4.4.2.2 微量和极微量组分应进行预稀释，并且应在专门的配料室内进行。

4.4.2.3 配料室应有专人管理，保持卫生整洁。

4.4.3 混合

4.4.3.1 混合时间，按设备性能不应少于规定时间。

4.4.3.2 混合工序投料应按先大量、后小量的原则进行。投入的微量组分应将其稀释到配料称量大称量的 5%以上。

4.4.3.3 生产含有药物饲料添加剂的饲料时，应根据药物类型，先生产药物含量低的饲料，再依次生产药物含量高的饲料。

4.4.3.4 同一班次应先生产不添加药物饲料添加剂的饲料，然后生产添加药物饲料添加剂的饲料。为防止加入药物饲料添加剂的饲料产品生产过程中的交叉污染，在生产不同加入药物添加剂的饲料产品时，对所用的生产设备、工具、容器应进行彻底清理。

4.4.4 制粒

更换品种时，必须用少量单一谷物原料清洗制粒系统。

4.4.5 留样

4.4.5.1 新接受的饲料原料和各个批次生产的饲料产品均应保留样品。样品密封后留置专用样品室或样品柜内保存。样品室和样品柜应保持阴凉、干燥。采样方法按 GB/T 14699 执行。

4.4.5.2 留样应设标签，载明饲料品种、生产日期、批次、生产负责人和采样人等事项，并建立档案由专人负责保管。

4.4.5.3 样品应保留至该批产品保质期满后3个月。

5 检测方法

5.1 饲料采样方法：按 GB/T 14699 执行。

5.2 粗蛋白：按 GB/T 6432 执行。

5.3 钙：按 GB/T 6436 执行。

5.4 总磷：按各 GB/T 6437 执行。

5.5 总砷：按 GB/T 13079 执行。

5.6 铅：按 GB/T 13080 执行。

5.7 汞：按 GB/T 13081 执行。

5.8 镉：按 GB/T 13082 执行。

5.9 氟：按 GB/T 13083 执行。

5.10 氰化物：按 GB/T 13084 执行。

5.11 亚硝酸盐：按 GB/T 13085 执行。

5.12 游离棉酚：按 GB/T 13086 执行。

5.13 异硫氰酸酯：按 GB/T 13087 执行。

5.14 噁唑烷硫酮：按 GB/T 13089 执行。

5.15 六六六、滴滴涕：按 GB/T 13090 执行。

5.16 沙门氏菌：按 GB/T 13091 执行。

5.17 霉菌：按 GB/T 13092 执行。

5.18 细菌总数:按 GB/T 13093 执行。

5.19 黄曲霉毒素 B_1:按 GB/T 8381 执行。

6 检验规则

6.1 感官要求,粗蛋白质、钙和总磷含量为出厂检验项目,其余为型式检验项目。

6.2 在保证产品质量的前提下,生产厂可根据工艺、设备、配方、原料等的变化情况,自行确定出厂检验的批量。

6.3 试验测定值的双试验相对偏差按相应标准规定执行。

6.4 检测与仲裁判定各项指标合格与否时,应考虑允许误差。

7 判定规则

卫生指标、限用药物和违禁药物等为判定合格指标。如检验中有一项指标不符合标准,应重新取样进行复验,复验结果中有一项不合格即判定为不合格。

8 标签、包装、贮存和运输

8.1 标签

商品饲料应在包装物上附有饲料标签,标签应符合 GB 10648 中的有关规定。

8.2 包装

8.2.1 饲料包装应完整,无漏洞,无污染和异味。

8.2.2 包装材料应符合 GB/T 16764 的要求。

8.2.3 包装印刷油墨无毒,不应向内容物渗漏。

8.2.4 包装物的重复使用应遵守《饲料和饲料添加剂管理条例》的有关规定。

8.3 贮存

8.3.1 饲料的贮存应符合 GB/T 16764 的要求。

8.3.2 不合格和变质饲料应做无害化处理,不应存放在饲料贮存场所内。

8.3.3 饲料贮存场地不应使用化学灭鼠药和杀鸟剂。

8.4 运输

8.4.1 运输工具应符合 GB/T 16764 的要求。

8.4.2 运输作业应防止污染，保持包装的完整。

8.4.3 不应使用运输畜禽等动物的车辆运输饲料产品。

8.4.4 饲料运输工具和装卸场地应定期清洗和消毒。

附　录　A

（规范性附录）

允许使用的饲料添加剂品种目录

表 A.1　允许使用的饲料添加剂品种目录

类　别	饲料添加剂名称
饲料级氨基酸（7种）	L-赖氨酸盐酸盐，DL-蛋氨酸，DL-羟基蛋氨酸，DL-羟基蛋氨酸钙，N-羟甲基蛋氨酸，L-色氨酸，L-苏氨酸
饲料级维生素（26种）	β-胡萝卜素，维生素 A，维生素 A 乙酸酯，维生素 A 棕榈酸酯，维生素 D_3，维生素 E，维生素 E 乙酸酯，维生素 K_3（亚硫酸氢钠甲萘醌），二甲基嘧啶醇亚硫酸甲萘醌，维生素 B_1（盐酸硫胺），维生素 B_1（硝酸硫胺），维生素 B_2（核黄素），维生素 B_6，烟酸，烟酰胺，D-泛酸钙，DL-泛酸钙，叶酸，维生素 B_{12}（氰钴胺），维生素 C（L-抗坏血酸），L-抗坏血酸钙，L-抗坏血酸-2-磷酸酯，D-生物素，氯化胆碱，L-肉碱盐酸盐，肌醇
饲料级矿物质、微量元素（46种）	硫酸钠，氯化钠，磷酸二氢钠，磷酸氢二钠，磷酸二氢钾，磷酸氢二钾，碳酸钙，氯化钙，磷酸氢钙，磷酸二氢钙，磷酸三钙，乳酸钙，七水硫酸镁，一水硫酸镁，氧化镁，氯化镁，七水硫酸亚铁，一水硫酸亚铁，三水乳酸亚铁，六水柠檬酸亚铁，富马酸亚铁，甘氨酸铁，蛋氨酸铁，五水硫酸铜，一水硫酸铜，蛋氨酸铜，七水硫酸锌，一水硫酸锌，无水硫酸锌，氧化锌，蛋氨酸锌，一水硫酸锰，氯化锰，碘化钾，碘酸钾，碘酸钙，六水氯化钴，一水氯化钴，亚硒酸钠，酵母铜，酵母铁，酵母锰，酵母硒，酵母铬，甲基吡啶铬，烟酸铬

续表 A.1

类　别	饲料添加剂名称
饲料级酶制剂（12类）	蛋白酶（黑曲霉，枯草芽孢杆菌），淀粉酶（地衣芽孢杆菌，黑曲霉），支链淀粉酶（嗜酸乳杆菌），果胶酶（黑曲霉），脂肪酶，纤维素酶（reesei 木霉），麦芽糖酶（枯草芽孢杆菌），木聚糖酶（insolens 腐质霉），β-聚葡糖酶（枯草芽孢杆菌，黑曲霉），甘露聚糖酶（缓慢芽孢杆菌）；植酸酶（黑曲霉，米曲霉），葡萄糖氧化酶（青霉）
饲料级微生物添加剂（11种）	干酪乳杆菌，植物乳杆菌，粪链球菌，乳酸片球菌，枯草芽孢杆菌，纳豆芽孢杆菌，嗜酸乳杆菌，乳链球菌，啤酒酵母菌，产朊假丝酵母，沼泽红假单胞菌
抗氧剂（4种）	乙氧基喹啉，二丁基羟基甲苯（BHT），丁基羟基茴香醚（BHA），没食子酸丙酯
防腐剂，电解质平衡剂（25种）	甲酸，甲酸钙，甲酸铵，乙酸，双乙酸钠，丙酸，丙酸钙，丙酸钠，丙酸铵，丁酸，乳酸，苯甲酸，苯甲酸钠，山梨酸，山梨酸钠，山梨酸钾，富马酸，柠檬酸，酒石酸，苹果酸，磷酸，氢氧化钠，碳酸氢钠，氯化钾，氢氧化铵
着色剂（6种）	β-阿朴-8’-胡萝卜素醛，辣椒红，β-阿朴-8’-胡萝卜素酸乙酯，虾青素，β，β-胡萝卜素-4，4-二酮（斑蝥黄），叶黄素（万寿菊花提取物）
调味剂、香料〔6种（类）〕	糖精钠，谷氨酸钠，5’-肌苷酸二钠，5’-鸟苷酸二钠，血根碱，食品用香料均可作饲料添加剂
粘结剂、抗结块剂和稳定剂〔13种（类）〕	α-淀粉，海藻酸钠，羧甲基纤维素钠，丙二醇，二氧化硅，硅酸钙，三氧化二铝，蔗糖脂肪酸酯，山梨醇酐脂肪酸酯，甘油脂肪酸酯，硬脂酸钙，聚氧乙烯 20 山梨醇酐单油酸酯，聚丙烯酸树脂Ⅱ

续表 A.1

类　别	饲料添加剂名称
其　他 (10种)	糖萜素，甘露低聚糖，肠膜蛋白素，果寡糖，乙酰氧肟酸，天然类固醇萨洒皂角苷(YUCCA)，大蒜素，甜菜碱，聚乙烯聚吡咯烷酮(PVPP)，葡萄糖山梨醇

附 录 B
（规范性附录）
药物饲料添加剂使用规范

表 B.1 药物饲料添加剂使用规范

品 名	商品名	规 格	用 量	休药期	其他注意事项
二硝托胺预混剂	球痢灵	0.25%	每吨饲料添加本品500g	3天	
马杜霉素铵预混剂	抗球王，加福	1%	每吨饲料添加本品500g	5天	无球虫病时，含百万分之六以上马杜霉素铵盐的饲料对生长有明显的抑制作用，也不改善饲料报酬
尼卡巴嗪预混剂	杀球宁	20%	每吨饲料添加本品100g～125g	4天	高温季节慎用
尼卡巴嗪、乙氧酰胺苯甲酯预混剂	球 净	尼卡巴嗪25%＋16%乙氧酰胺苯甲酯	每吨饲料添加本品500g	9天	高温季节慎用
甲基盐霉素预混剂	禽 安	10%	每吨饲料添加本品600g～800g	5天	禁止与泰妙菌素、竹桃霉素并用，防止与人眼接触
甲基盐霉素、尼卡巴嗪预混剂	猛 安	8%甲基盐霉素＋尼卡巴嗪8%	每吨饲料添加本品310g～560g	5天	禁止与泰妙菌素、竹桃霉素并用；高温季节慎用

续表 B.1

品　名	商品名	规　　格	用　　量	休药期	其他注意事项
拉沙洛西钠预混剂	球　安	15%或45%	每吨饲料添加75g～125g(以有效成分计)	3天	
氢溴酸常山酮预混剂	速　丹	0.6%	每吨饲料添加本品500g	5天	
盐酸氯苯胍预混剂		10%	每吨饲料添加本品300g～600g	5天	
盐酸氨丙啉、乙氧酰胺苯甲酯预混剂	加强安保乐	25%盐酸氨丙啉＋1.6%乙氧酰胺苯甲酯	每吨饲料添加本品500g	3天	每1000kg饲料中维生素 B_1 大于10g时明显拮抗
盐酸氨丙啉、乙氧酰胺苯甲酯、磺胺喹噁啉预混剂	百球清	20%盐酸氨丙啉＋1%乙氧酰胺苯甲酯＋12%磺胺喹噁啉	每吨饲料添加本品500g	7天	每1000kg中维生素 B_1 大于10g时明显拮抗
氯羟吡啶预混剂		25%	每吨饲料添加本品500g	5天	
海南霉素钠预混剂		1%	每吨饲料添加本品500g～750g	7天	
赛杜霉素钠预混剂	禽　旺	5%	每吨饲料添加本品500g	5天	
地克珠利预混剂		0.2%或0.5%	每吨饲料添加1g(以有效成分计)		

续表 B.1

品　名	商品名	规　格	用　量	休药期	其他注意事项
莫能菌素钠预混剂	欲可胖	5%，10% 或 20%	每吨饲料添加 90g～110g(以有效成分计)	5天	禁止与泰妙菌素、竹桃霉素并用；搅拌配料时禁止与人的皮肤、眼睛接触
杆菌肽锌预混剂		10%或 15%	每吨饲料添加 4g～40g(以有效成分计)		
黄霉素预混剂	富乐旺	4%或 8%	每吨饲料添加 5g(以有效成分计)		
维吉尼亚霉素预混剂	速大肥	50%	每吨饲料添加本品 10g～40g	1天	
那西肽预混剂		0.25%	每吨饲料添加本品 1000g	3天	
阿美拉霉素预混剂	效美素	10%	每吨饲料添加本品 50g～100g		
盐霉素钠预混剂	优素精、赛可喜	5%，6%，10%，12%，45%,50%	每吨饲料添加 50g～70g(以有效成分计)	5天	禁止与泰妙菌素、竹桃霉素并用
硫酸粘杆菌素预混剂	抗敌素	2%,4%,10%	每吨饲料添加2g～20g(以有效成分计)	7天	
牛至油预混剂	诺必达	每 1000g 中含 5－甲基－2－异丙基苯酚和 2－甲基－5－异丙基苯酚 25g	每吨饲料添加本品 450g(用于促生长)或 50g～500g(用于治疗)		

续表 B.1

品　名	商品名	规　　格	用　　量	休药期	其他注意事项
杆菌肽锌、硫酸粘杆菌素预混剂	万能肥素	5%杆菌肽＋1%粘杆菌素	每吨饲料添加2g～20g(以有效成分计)	7天	
土霉素钙		5%，10%，20%	每吨饲料添加10g～50g(以有效成分计)		
吉他霉素预混剂		2.2%，11%，55%，95%	每吨饲料添加5g～11g(用于促生长)或100g～330g(用于防治疾病)，连用5～7天。以上均以有效成分计	7天	
金霉素(饲料级)预混剂		10%，15%	每吨饲料添加20g～50g(以有效成分计)	7天	
恩拉霉素预混剂		4%，8%	每吨饲料添加1g～10g(以有效成分计)	7天	
磺胺喹噁啉、二甲氧苄啶预混剂		20%磺胺喹噁啉＋4%二甲氧苄啶	每吨饲料添加本品500g	10天	连续用药不得超过5天
越霉素A预混剂	得利肥素	2%，5%，50%	每吨饲料添加5g～10g(以有效成分计)	3天	

续表 B.1

品名	商品名	规格	用量	休药期	其他注意事项
潮霉素 B 预混剂	效高素	1.76%	每吨饲料添加8g~12g(以有效成分计)	3天	避免与人皮肤、眼睛接触
地美硝唑预混剂		20%	每吨饲料添加本品400g~2500g	3天	连续用药不得超过10天
磷酸泰乐菌素预混剂		2%，8.8%，10%，22%	每吨饲料添加4g~50g(以有效成分计)	5天	
盐酸林可霉素预混剂	可肥素	0.88%，11%	每吨饲料添加2.2g~4.4g(以有效成分计)	5天	
环丙氨嗪预混剂	蝇得净	1%	每吨饲料添加本品500g		
氟苯咪唑预混剂	弗苯诺	5%，50%	每吨饲料添加30g(以有效成分计)	14天	
复方磺胺嘧啶预混剂	立可灵	12.5%磺胺嘧啶+2.5%甲氧苄啶	每千克体重每日添加本品0.17g~0.2g	1天	
硫酸新霉素预混剂	新肥素	15.4%	每吨饲料添加本品500g~1000g	5天	

续表 B.1

品　名	商品名	规　　格	用　　量	休药期	其他注意事项
磺胺氯吡嗪钠可溶性粉	三字球虫粉	30%	每吨饲料添加600mg(以有效成分计)	1天	

注 1:表中所列的商品名是由相应产品供应商提供的产品的商品名。给出这一信息是为了方便本标准的使用者,并不表示对该产品的认可。如果其他等效产品具有相同的效果,则可使用这些等效产品。

注 2:摘自中华人民共和国农业部公布的《药物饲料添加剂使用规范》。

附　录　C
(资料性附录)
引用的政府令和公告

C.1　中华人民共和国农业部公告(第105号)《允许使用的饲料添加剂品种目录》(1999)

C.2　中华人民共和国农业部文件农牧发[2001]20号“关于发布《饲料药物添加剂使用规范》的通知”

附录 5　NY/T 5038—2001
无公害食品　肉鸡饲养管理准则

1　范围

本标准规定了无公害食品肉鸡的饲养管理条件，包括产地环境、引种来源、大气环境质量、水质量、禽舍环境、饲料、兽药、免疫、消毒、饲养管理、废弃物处理、生产记录、出栏和检验。

本标准适用于肉用仔鸡、优质肉鸡及地方土杂鸡的饲养。

2　规范性引用文件

下列文件中的条款通过本标准的引用而成为本标准的条款。凡是注日期的引用文件，其随后所有的修改单(不包括勘误的内容)或修订版均不适用于本标准，然而，鼓励根据本标准达成协议的各方研究是否可使用这些文件的最新版本。凡是不注日期的引用文件，其最新版本适用于本标准。

GB 3095　大气环境质量标准

GB 16548　畜禽病害肉尸及其产品无害化处理规程

GB 16549　畜禽产地检疫规范

NY/T 388　畜禽场环境质量标准

NY 5027　无公害食品　畜禽饮用水水质

NY 5035　无公害食品　肉鸡饲养兽药使用准则

NY 5036　无公害食品　肉鸡饲养兽医防疫准则

NY 5037　无公害食品　肉鸡饲养饲料使用准则

中华人民共和国兽药典

3　术语和定义

下列术语和定义适用于本标准。

全进全出制　all-in all-0ut system

同一鸡舍或同一鸡场只饲养同一批次的鸡，同时进场、同时出场的管理制度。

4 总体要求

4.1 产地环境

大气质量应符合 GB 3095 标准的要求。

4.2 引种来源

雏鸡应来自有种鸡生产许可证，而且无鸡白痢、新城疫、禽流感、支原体、禽结核、白血病的种鸡场，或由该类场提供种蛋所生产的经过产地检疫的健康雏鸡。一栋鸡舍或全场的所有鸡只应来源于同一种鸡场。

4.3 饮水质量

水质应符合 NY 5027 的要求。

4.4 饲料质量

饲料应符合 NY 5037 的要求。

4.5 兽药使用

饮水或拌料方式添加兽药应符合 NY 5035 的要求。

4.6 防疫

肉鸡防疫应符合 NY 5036 的要求。

4.7 病害肉尸的无害化处理

应符合 GB 16548 标准的要求。

4.8 环境质量

鸡舍内环境卫生应符合 NY/T 388 标准的要求。鸡场排放的废弃物实行减量化、无害化、资源化原则处理。

5 禽舍设备卫生条件

5.1 鸡舍选址应在地势高燥、采光充足和排水良好，隔离条件好的区域，还应符合以下条件；

a)鸡场周围 3km 内无大型化工厂、矿厂等污染源，距其他畜牧场至少 1km 以上；

b)鸡场距离干线公路、村和镇居民点至少1km以上；

c)鸡场不应建在饮用水源、食品厂上游。

5.2 鸡场应严格执行生产区和生活区相隔离的原则。

5.3 鸡舍建筑应符合卫生要求，内墙表面应光滑平整，墙面不易脱落、耐磨损和不含有毒有害物质。还应具备良好的防鼠、防虫和防鸟设施。

5.4 设备应具备良好的卫生条件并适合卫生检测。

6 饲养管理卫生条件

6.1 每批肉鸡出栏后应实施清洗、消毒和灭虫、灭鼠，消毒剂建议选择符合《中华人民共和国兽药典》规定的高效、低毒和低残留消毒剂，且必须符合NY 5035的规定；灭虫、灭鼠应选择符合农药管理条例规定的菊酯类杀虫剂和抗凝血类杀鼠剂。

6.2 鸡舍清理完毕到进鸡前空舍至少2周，关闭并密封鸡舍防止野鸟和鼠类进入鸡舍。

6.3 鸡场所有入口处应加锁并设有“谢绝参观”标志。鸡场门口设消毒池和消毒间，进出车辆经过消毒池，所有进场人员要脚踏消毒池，消毒池选用2%～5%漂白粉澄清溶液或2%～4%氢氧化钠溶液，消毒液定期更换。进场车辆建议用表面活性剂消毒液进行喷雾，进场人员经过紫外线照射的消毒间。外来人员不应随意进出生产区，特定情况下，参观人员在淋浴和消毒后穿戴保护服才可进入。

6.4 工作人员要求身体健康，无人畜共患病。工作人员进鸡舍前要更换干净的工作服和工作鞋。鸡舍门口设消毒池或消毒盆供工作人员鞋消毒用。舍内要求每周至少消毒1次，消毒剂选用符合《中华人民共和国兽药典》规定的高效、无毒和腐蚀性低的消毒剂，如卤素类、表面活性剂等。

6.5 坚持全进全出制饲养肉鸡，同一养禽场不能饲养其他禽类。

7 饲养管理要求

7.1 饲养方式

可采用地面散养和离地饲养(网上平养和笼养),地面平养选择刨花或稻壳作垫料,垫料要求一定要干燥、无霉变、不应有病原菌和真菌类微生物群落。

7.2 饮水管理

采用自由饮水。确保饮水器不漏水,防止垫料和饲料霉变。饮水器要求每天清洗、消毒,消毒剂建议选择符合《中华人民共和国兽药典》规定的百毒杀、漂白粉和卤素类消毒剂。水中可以添加葡萄糖、电解质和多维类添加剂。

7.3 喂料管理

自由采食和定期饲喂均可。饲料中可以拌入多种维生素类添加剂。强调上市前7天,饲喂不含任何药物及药物添加剂的饲料,一定要严格执行停药期。每次添料根据需要确定,尽量保持饲料新鲜,防止饲料发生霉变。随时清除散落的饲料和喂料系统中的垫料。饲料存放在干燥的地方,存放时间不能过长,不应饲喂发霉、变质和生虫的饲料。

7.4 防止鸟和鼠害

控制鸟和鼠进入鸡舍,饲养场院内和鸡舍经常投放诱饵灭鼠和灭蝇。鸡舍内诱饵注意投放在鸡群不易接触的地方。

7.5 防疫和病禽治疗

对病情较轻,可以治疗的肉鸡应隔离饲养,所用药物应符合NY 5035的要求。

7.6 废弃物处理

使用垫料的饲养场,采取肉鸡出栏后一次性清理垫料,饲养过程中垫料过湿要及时清出,网上饲养户应及时清理粪便。清出的垫料和粪便在固定地点进行高温堆肥处理,堆肥池应为混凝土结构,并有房顶。粪便经堆积发酵后应作农业用肥。

7.7 生产记录

建立生产记录档案，包括进雏日期、进雏数量、雏鸡来源，饲养员；每日的生产记录包括：日期、肉鸡日龄、死亡数、死亡原因、存栏数、温度、湿度、免疫记录、消毒记录、用药记录、喂料量，鸡群健康状况，出售日期，数量和购买单位。记录应保存两年以上。

7.8　肉鸡出栏

肉鸡出栏前 6～8h 停喂饲料，但可以自由饮水。

8　检验

肉鸡出售前要做产地检疫，按 GB 16549 标准进行。检疫合格肉鸡可以上市，不合格肉鸡按 GB 16548 处理。

9　运输

运输设备应洁净，无鸡粪和化学品遗弃物。

参考文献

1 黄大器．饲料手册．北京科学技术出版社，1984

2 王和民．配合饲料配制技术．农业出版社，1990

3 张日俊．动物饲料配方．中国农业大学出版社，1999

4 韩友文．饲料与饲养学．中国农业大学出版社，1997

5 朱广祥．饲料生产应用手册．中国农业科技出版社，1996

6 刘继业．饲料安全工作手册．中国农业科技出版社，2001

7 宁中华．现代实用养鸡技术．中国农业出版社，2002

8 王生雨主编．肉鸡生产新技术(第二版)．山东科学技术出版社，1995

9 江苏畜牧兽医学校．实用养鸡大全．中国农业出版社，1992

10 杨宁等．现代养鸡生产．北京农业大学出版社，1995

11 杨全明，刁有祥．肉鸡饲养手册．中国农业大学出版社，1999

12 单永利．现代肉鸡生产手册．中国农业出版社，2001

13 李东．高效肉鸡生产技术．中国农业科技出版社，2001

14 韩俊彦．养鸡技术大全．辽宁科学技术出版社，1997

15 艾文森．养鸡手册．河北科学技术出版社，1999

16 刘国芬主编．怎样养好肉鸡．金盾出版社，2002

17 张振涛主编．绿色养鸡新技术．中国农业出版社

18 张敏红主编．肉鸡无公害综合饲养技术．中国农业出版社，2003

19 吴耀明．大型鸡场肉鸡饲养管理．上海科学技术出版社，1999

20 杨山，李辉主编．现代养鸡．中国农业出版社，2002